Die Bedingungen

für

eine gute Regulirung.

Eine Untersuchung der Regulirungsvorgänge
bei Dampfmaschinen und Turbinen

von

J. Isaachsen,
Ingenieur.

Mit 34 in den Text gedruckten Figuren.

Berlin.
Verlag von Julius Springer.
1899.

ISBN 978-3-642-50577-5 ISBN 978-3-642-50887-5 (eBook)
DOI 10.1007/978-3-642-50887-5

Druck von Oscar Brandstetter in Leipzig.

Inhalt.

Einleitung.

Die Regulatoren im engeren Sinne des Wortes, auch Tachometer genannt, sind in der technischen Litteratur ausführlich untersucht, so dass auf diesem Gebiete die wichtigsten Aufgaben klar und übersichtlich gelöst sind. Von dem Verhalten der Regulirungen in ihrer Verbindung mit der Maschine kann man aber wohl nicht dasselbe behaupten. Es sind grundlegende Abhandlungen darüber erschienen; aber es sind einerseits noch nicht alle Hauptaufgaben auf diesem Gebiete gelöst, und es sind andererseits die schon gefundenen Einzelgesetze noch nicht zusammengefasst und auf so einfache Weise abgeleitet, dass sie Gemeingut werden konnten; dies lässt sich schon daraus ersehen, dass Verstösse gegen diese Gesetze in der Praxis ziemlich häufig vorkommen.

In der vorliegenden Abhandlung hat sich der Verfasser die Aufgabe gestellt, einen Beitrag zur Klarstellung der Regulirungsfragen in der durch die obigen Andeutungen von selbst vorgeschriebenen Richtung zu liefern.

Untersucht man ganz im allgemeinen irgend eine Regulirung, so wird man finden, dass die ganze Schwierigkeit bei der Beurtheilung der Eigenschaften derselben sich in eine einzige Frage koncentrirt: ruft die Regulirung bei konstanter Maschinenbelastung von selbst immer wieder Geschwindigkeitsschwankungen hervor oder bleibt sie in Ruhe?

Entsteht eine plötzliche oder allmähliche Belastungsänderung bei einer Maschine, so muss der Regulator der neuen Belastung entsprechend eine andere Maschinenleistung einstellen; von dem Augenblick an, wo die Belastungsänderung der Maschine aufhört, hat man es wieder vorläufig, bis zur nächsten Belastungsänderung, mit einer konstanten Belastung zu thun, und die Regulirung kann, je nach ihren Eigenschaften, entweder ohne Schwingungen zur Ruhe kommen, noch kürzere oder längere Zeit nachschwingen, oder überhaupt nicht wieder zur Ruhe kommen. Die erste Bewegung des Regulators, bis die von diesem direkt oder indirekt eingestellte Maschinenleistung gleich der Widerstandsarbeit ist, werden wir später näher behandeln; die ganze Frage, welche übrig bleibt, ist die, ob der Regulator im neuen Beharrungszustand stehen bleibt, ob er vorübergehend um diese Stellung etwas hin und her schwingt, oder ob er überhaupt nicht wieder aus den Schwingungen herauskommt. Wir werden daher im Gegensatz zu den bis jetzt gebräuchlichen Untersuchungsmethoden für Regulirungen die Aufgabe in zwei einzelne auflösen: A) das Verhalten bei konstanter Belastung der Maschine und B) das Verhalten bei einer plötzlichen Belastungsänderung. Wie schon oben bemerkt, schliesst die erste Aufgabe fast alle Schwierigkeiten in sich, so dass es eine wesentliche Erleichterung bei deren Studium ist, die verwirrende Mannigfaltigkeit fernzuhalten, welche durch eine Belastungsänderung hinzukommt, während andererseits die zweite Aufgabe fast ganz von selbst gelöst ist, wenn es die erste ist.

A. Das Verhalten der Regulirung bei konstanter Maschinenbelastung.

I. Analysirung der Regulirungsvorgänge.

Die Regulirungsfrage reducirt sich also zu einer Schwingungsfrage, und da die Schwingungslehre schon verhältnissmässig vollkommen ausgebaut ist, werden wir die darin ausgebildeten Methoden und Hülfsmittel mit Vortheil anwenden können und zwar, da wir auf einem so verwickelten Gebiete, wie dem der Regulirungen, schwerlich genaue quantitative

Beziehungen aufstellen können, hauptsächlich die graphischen. Um für den Anfang unwichtigere Nebenerscheinungen auszuscheiden, wollen wir unseren Untersuchungen zuerst eine Turbine zu Grunde legen, weil deren Triebkraft und dementsprechend auch deren Winkelgeschwindigkeit bei konstanter Belastung konstant sind, im Gegensatz zu einer Dampfmaschine oder einem Gasmotor.

Die regelmässigen Geschwindigkeitsschwankungen der Dampfmaschine innerhalb jeder Umdrehung sind zwar an und für sich vollständig unabhängig von den Regulirungsvorgängen, so dass die folgenden Untersuchungen eben so gut für Dampfmaschinen wie für Turbinen gelten; da aber die Ungleichförmigkeit des Schwungrades innerhalb jeder Umdrehung, wie weiter unten nachgewiesen, eine indirekte Einwirkung auf die Regulirungsvorgänge ausübt, wollen wir, wie gesagt, bei unseren Untersuchungen vorläufig immer nur speciell an eine Turbine denken, bis wir weiter unten Gelegenheit haben werden, den indirekten Einfluss der Schwungradungleichförmigkeit bei Dampfmaschinen zu untersuchen.

Entstehen nun bei konstanter Belastung der Maschine durch Einwirkung des Regulators Geschwindigkeitsschwankungen, so würden diese einem Zuschauer, dessen Standpunkt sich mit der mittleren Winkelgeschwindigkeit der Turbine um die Turbinenachse dreht, als Schwingungen um eine feste Mittelstellung erscheinen. Bezeichnet man die mittlere Geschwindigkeit irgend eines Punktes, z. B. am Umfang der Turbine, mit V und die augenblickliche wirkliche Geschwindigkeit desselben mit $V \pm v$, so ist die veränderliche Grösse v die scheinbare oder relative Geschwindigkeit. Die mittlere Drehkraft der Turbine, welche also gleich dem konstanten von der Turbine zu überwindenden Widerstand ist, sei K, die augenblickliche wirkliche Kraft $K \pm k$; die veränderliche Grösse k tritt dann als beschleunigende oder verzögernde Kraft auf. Trägt man nun die Relativwege x der Turbine, von dem mit konstanter Geschwindigkeit rotirenden Standpunkte des Zuschauers aus, als Abscissen auf (siehe Fig. 1) und die entsprechenden Kräfte k als Ordinaten, so erhält man das für die Darstellung von Schwingungen gebräuchliche Kräftediagramm, aus dem alle vorkommenden Kräfte, Wege, Geschwindigkeiten und Zeiten zu entnehmen sind.

Denken wir uns nun vorläufig, dass eine Masse M längs der Abscissenachse um den festen Mittelpunkt C unter dem

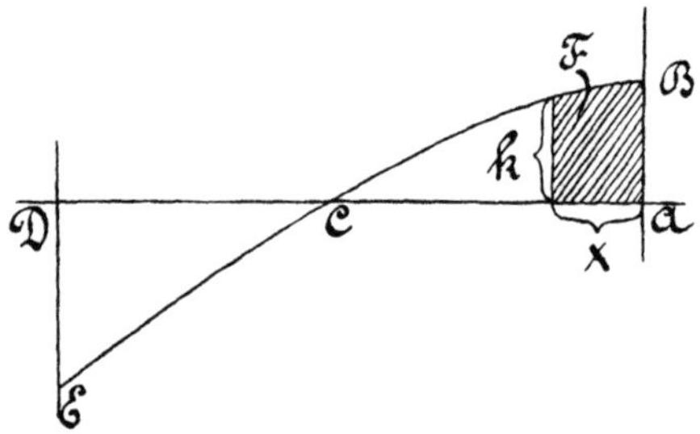

Fig. 1.

Einflusse der im Diagramme dargestellten Kräfte k schwingt, und bezeichnen wir, ohne vorläufig noch an einen Zusammenhang mit der soeben behandelten Turbine zu denken, die Geschwindigkeit der Masse in dem Augenblicke, wo sie sich im Abstande x von der Endstellung A befindet, mit v und die seit der Endstellung A verstrichene Zeit mit t, so haben wir:

$$\frac{M v^2}{2} = \int_0^x k \cdot dx = \text{der Fläche F}$$

$$t = \int_0^x \frac{dx}{v} \quad \text{und} \quad x = \int_0^t v\,dt$$

Denken wir uns nun weiter, dass der Koordinatenanfangspunkt A sich mit der konstanten Geschwindigkeit V, z. B. nach rechts, bewegt, so bleiben die obigen drei Gleichungen unverändert gültig; man kann also das Diagramm und die zugehörigen Gleichungen ohne weiteres auf die Turbinenschwingungen anwenden.

Wir haben mithin als erste Vereinfachung in den Vorstellungen über die Regulirungsvorgänge, dass man die auf einen beliebigen Punkt der Turbine reducirte rotirende Masse M sich geradlinig um einen festen

Schwingungsmittelpunkt schwingend denken darf unter dem Einfluss derjenigen auf denselben Punkt reducirten Kräfte, welche durch die Einwirkung des Regulators über oder unter der mittleren Kraft eingestellt werden. Wenn in Fig. 2 die wellige Kurve, die

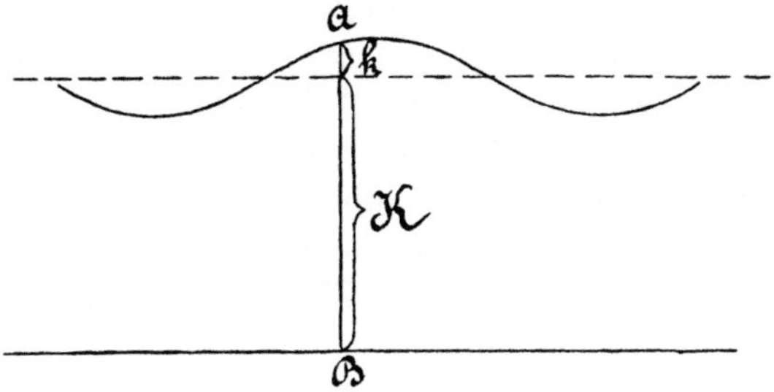

Fig. 2.

durch die Einwirkung des auf und ab pendelnden Regulators schwankende Umfangskraft der Turbine darstellt, so stellt an einer beliebigen Stelle B die ganze Ordinate A B die ganze Drehkraft und $AB - K = k$ die für das Diagramm Fig. 1 in Frage kommende Kraft dar.

Ein wichtiges Hülfsmittel der Ingenieurwissenschaften bei der Untersuchung verwickelter Vorgänge, wo die einfachen Beziehungen der Mathematik nicht zureichen, ist die Bildung von möglichst konkreten Anschauungen, indem bei einer fortwährenden Anwendung immer derselben scharf bestimmten Anschauung, alle die mannigfaltigen Gedankenoperationen, welche ausserhalb der Darstellungsfähigkeit der Mathematik liegen, dadurch möglichst automatisch, fasst unbewusst, vor sich gehen und fortwährend die Richtigkeit der bewussten Gedankenoperationen kontrolliren. Wir werden uns daher in der vorliegenden Abhandlung, um die Anschaulichkeit nicht durch zu grosse Allgemeinheit zu verwischen, auf direkte Regulirungen beschränken. Der fortwährende Zwang, alles so allgemein überlegen und ausdrücken zu müssen, dass es auch für alle indirekten Regulirungen gilt, würde gerade von den konkreten Vorstellungen abführen und zur Abstraktion zwingen, während umgekehrt eine klare Vorstellung von den Erscheinungen der direkten Regulirung die beste Vorbereitung für das Studium der indirekten ist. Aus demselben Grunde werden wir von unseren Betrachtungen Turbinen mit langen Rohrleitungen ausschliessen.

Ebenso wie wir uns in Fig. 1 die Bewegungen der Turbine als wagerechte Schwingungen um den Schwingungsmittelpunkt C vorstellen, können wir uns nun die Ordinate k als durch senkrechte Schwingungen des Regulators um denselben Mittelpunkt C entstanden denken. Die Kurve BCE stellt dann den Weg der zusammengesetzten Schwingungen dar, ähnlich wie die Lissajous'schen Figuren zweier senkrecht zu einander gestellten Stimmgabeln. Man könnte diese Kurve direkt von der Maschine selbst aufzeichnen lassen, wie in der Principskizze Fig. 3 schematisch angedeutet. Ein schwerer Rotationskörper

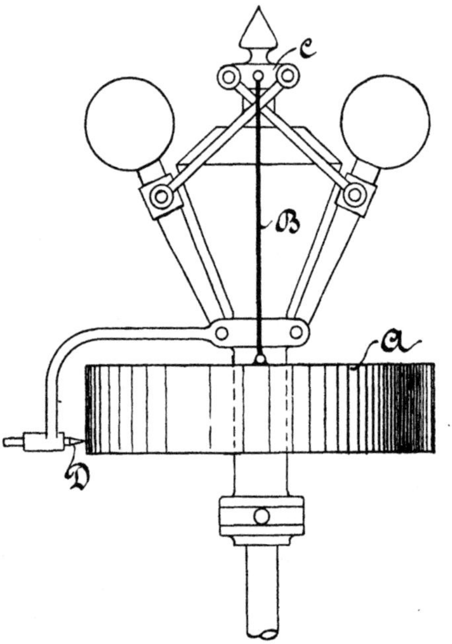

Fig. 3.

A ist mittels zweier Fäden B an dem mit der Regulatorspindel fest verbundenen Kopf C aufgehängt; durch diese „bifilare“ Aufhängung wird erreicht, dass der Körper A die mittlere Winkelgeschwindigkeit der Regulatorspindel annimmt, aber deren Schwankungen so gut wie gar nicht mit macht. Relativ zu einem Stifte D, welcher die Winkelgeschwindigkeits-Schwankungen der Regulatorspindel mit macht, beschreibt also der Körper die im Diagramm Fig. 1 durch x dargestellten wagerechten Schwingungen. Da nun der Stift D am Regulator befestigt ist, so zeichnet er ferner in senkrechter Richtung die Schwingungen des Regulators auf, und es würde als Resultat in einem auf diese Weise aufgenommenen Diagramm für eine einfache Schwingung hin z. B. eine Kurve B C E (siehe Fig. 4) erscheinen, für die Schwingung zurück im allgemeinen irgend eine andere Kurve $E C_1 B$.[1])

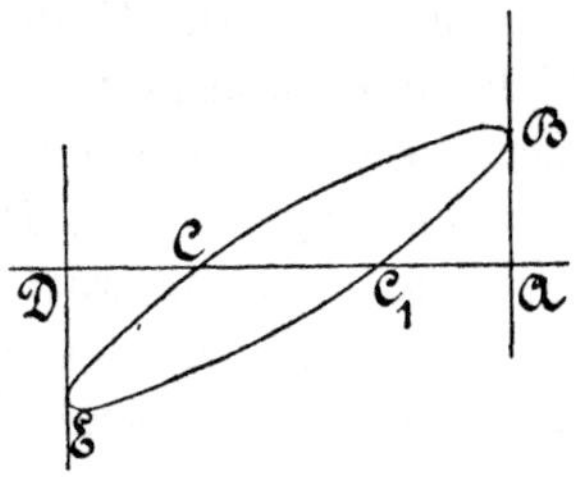

Fig. 4.

Die Ordinaten dieser Kurven sind die Hülsenwege des Regulators, während in dem Diagramme Fig. 1 als Ordinaten die durch diese Hülsenwege hervorgerufenen Kräfte k an der Maschine angenommen sind. Da aber Regulirungen, welche immer grösser werdende Schwingungen ausführen, unbrauchbar sind, so hat das Studium des genauen Verlaufes der Schwingungszunahme wenig Werth; für uns handelt es sich in jedem einzelnen Fall nur darum, nachzuweisen, ob Neigung zu Schwingungen vorhanden ist oder nicht; dazu genügt schon die Annahme einer unendlich kleinen Schwingungsamplitude, und für diese sind die Drehkraftschwankungen der Maschine proportional den Regulatorbewegungen. Ausserdem ist es, wenn man auch über grössere Schwingungen genaue quantitative Studien anstellen will, leicht für eine gegebene Maschine aus dem Diagramme für die Regulatorbewegungen die entsprechenden Drehkräfte an der Maschine abzuleiten.

Ueberall, wo eine Masse unter den Einfluss von Kräften gebracht wird, können Schwingungen entstehen; aber es kann anderseits auch sofort, oder nach einigen immer schwächer werdenden Schwingungen ein ruhender Gleichgewichtszustand

---

[1]) Für die praktische Ausführung würde man natürlich einen solchen Schwingungsindikator ganz anders konstruiren. Wir haben nur hier für unsere Zwecke eine möglichst einfache und übersichtliche Anordnung gewählt.

eintreten. Wir stellen uns nun ganz allgemein, ohne Einschränkungen, die Frage: Unter welchen Bedingungen entstehen bleibende Schwingungen; wann erzeugen Schwingungen, welche durch irgend einen Anstoss hervorgerufen sind, mit Hülfe von äusseren Kräften immer wieder neue Schwingungen, trotz vorhandener Widerstände, welche immer bestrebt sind, allmählich den Ruhezustand herbeizuführen? Wie sprechen sich diese Bedingungen im obigen Diagramm aus?

Dies übersieht man am besten, wenn man ein altbekanntes Schwingungsdiagramm betrachtet, mit dem man besonders vertraut ist. Der Kolben einer Dampfmaschine, deren Kurbel sich mit konstanter Winkelgeschwindigkeit dreht, führt Schwingungen aus unter dem Einflusse verschiedener Kräfte: Kolbenstangenkräfte, Dampfdrücke, Trägheitskräfte und Reibungen. Durch was drückt sich nun im Kräftediagramm einer Dampfmaschine die Thatsache aus, dass die Schwingungen dauernd sind, dass sie nicht allmählich wieder aufhören?

Bekanntlich dadurch, dass die Kurven für Hin- und Rückgang sich nicht decken, sondern zwischen sich eine Fläche F einschliessen, welche eine frei werdende Arbeit darstellt, die genügt um die Widerstände zu überwinden, wie in Fig. 5 dargestellt. Wir haben hier der Einfachheit halber ein Indikatordiagramm angenommen und die Massendrücke nicht im Diagramm mit angegeben, weil die Grösse der Fläche F von diesen unabhängig ist. Die Widerstandsarbeiten, welche durch F überwunden werden, sind nach dieser Darstellungsart also erstens die Kolbenreibungsarbeit, zweitens die durch die Kolbenstangenkräfte nach aussen abgeleitete Arbeit.

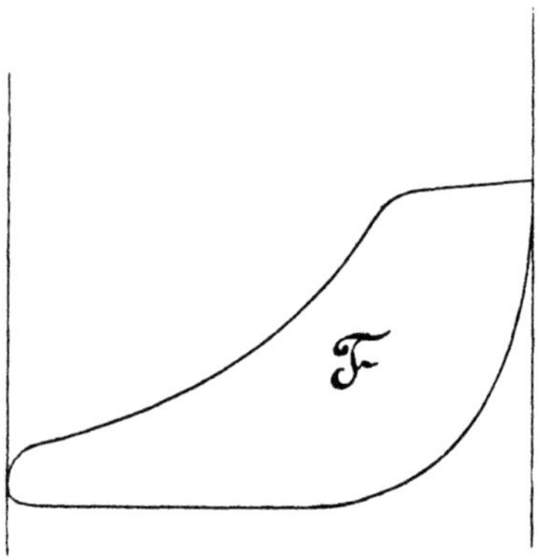

Fig 5.

Wir können demnach mit Bezug auf das oben erörterte

Regulirungsdiagramm, welches wir im Folgenden oft benutzen werden, als allgemein gültiges Gesetz aufstellen: Alle Schwingungen, deren Kraftkurven zwischen sich eine positive Diagrammfläche einschliessen, werden andauern, wenn die durch die Diagrammfläche dargestellte Arbeit gleich der Widerstandsarbeit ist, welche die rotirenden Massen der Maschine bei jeder Schwingung zu überwinden haben. Sie werden allmählich sich verstärken, wenn die Diagrammfläche grösser als die soeben definirte ist, und sie werden allmählich aufhören, wenn die Diagrammfläche kleiner ist, oder gar negativ wird.

Was nun die Kurven des Regulirungsdiagrammes betrifft, so sind bei deren Aufzeichnung die Widerstände gegen die Bewegungen des Regulators und der Uebertragung natürlich mit zu berücksichtigen, eben so gut wie im Indikatordiagramm die Drosselung des Dampfes, weil die wirkliche Regulatorstellung und die wirkliche Kraft k in Frage kommt, ähnlich wie im Indikatordiagramm der wirkliche Dampfdruck, nicht ein idealer. Dagegen werden wir ganz analog wie bei dem Indikatordiagramm im Schwingungsdiagramm die Widerstände gegen die wagerechten Schwingungen, also gegen die Schwingungen der reducirten rotirenden Masse M, nicht mit berücksichtigen, weil dieser Widerstand aus verschiedenen Gründen besser für sich untersucht wird; ein Indikatordiagramm, welches auch alle Widerstände gegen die wagerechte Schwingung mit enthielte, würde immer die Fläche $F = 0$ zeigen und dadurch wenig aufklärend sein.

Man kann sich also bei der Betrachtung von Regulirungsschwingungen die Regulatorhülse ganz wie einen Indikatorkolben vorstellen, nur mit dem Unterschied, dass dieser Indikatorkolben die Schwingungskräfte nicht nur anzeigt, sondern selbst hervorruft.

Um die vollständige Allgemeingültigkeit des oben über die Entstehung von Schwingungen ausgesprochenen Gesetzes und dessen Brauchbarkeit zur Analysirung und Erklärung der verschiedenartigsten Schwingungen zu zeigen, wollen wir als Beispiel die Ursachen der Schallschwingungen bei einer Orgelpfeife etwas näher betrachten, weil zur Beleuchtung der für eine unsystematische Betrachtung thatsächlich ausserordentlich verwickelten Regulirungsvorgänge möglichst klar und anschaulich hervorgehoben werden muss, dass diese in ihren wichtigsten Zügen sich Punkt für Punkt mit anderen Schwingungserscheinungen in der Natur decken.

Es wäre ja nicht ausgeschlossen, dass die Schwingungen einer Orgelpfeife allmählich zur Ruhe kommen könnten, so dass schliesslich der Haupt-Luftstrom nach aussen ginge, wie durch den Pfeil a (Fig. 6) angedeutet, indem im Innern der Pfeife ein kleiner Ueberdruck sich einstellte, der gerade genügte, um den Luftstrom nach aussen abzulenken, während höchstens als wirbelbildender kontinuirlicher Nebenstrom ein kleiner Teil der Luft nach dem Pfeil b hineinginge und bei c sich wieder mit dem Hauptstrom mischte. Worin besteht nun die automatische Steuerung, welche trotz aller Energieverluste die Schwingungen hier immer wieder neu erzeugt? Der Weg der Untersuchung ist durch das oben behandelte allgemeine Schwingungsdiagramm genau vorgezeichnet. Man denkt sich die Schwingungen schon entstanden und untersucht, ob sich die Kraftkurve für den Hingang genau mit derjenigen für den Rückgang deckt oder nicht, ob also die Kräfte, welche die schwingende Masse aus der Ruhelage in Bewegung setzen, unverändert wieder als widerstehende Kräfte auf dem Rückwege auftreten. Die Schwingungen einer Orgelpfeife entstehen nun dadurch, dass der Luftstrom abwechselnd in die Pfeife hineingeht nach dem Pfeile b und ins Freie hinaus nach dem Pfeile a. Indem der Strom in das Innere der Pfeife hineingeht, komprimirt er die darin befindliche Luft, und da die Luft Masse hat, geht die Kompression über das statische Gleichgewicht hinaus. Ist nun die Luft zur Ruhe gekommen und damit die Kompression auf das Maximum gestiegen, so fängt sofort eine Expansion und Rückwärtsbewegung der Luft in der Pfeife an. Während des Aufwärtsganges ging die ganze kinetische Energie des Luftstromes, wenn von Wir-

Fig. 6.

belungs- und Reibungs-Verlusten abgesehen wird, in Kompressionsarbeit über. Wenn nun die seitliche Oeffnung e an der Pfeife nicht existirte, müsste die aufgespeicherte Kompressionsarbeit unter Ueberwindung derselben Kräfte, welche den Aufwärtsgang bewirkten, die Luft rückwärts treiben; die Kraftkurven für Hin- und Rückgang würden sich also decken und die Schwingungen durch Reibungs- und Wirbelungs-Verluste bald zur Ruhe kommen. Ganz anders aber verhält sich die Kraftkurve für den Rückgang, wenn seitlich eine Oeffnung e vorhanden ist. Indem die Rückwärtsbewegung der Luft in der Pfeife anfängt, oder schon kurz vorher, wird durch die jetzt eingetretene kleine Druckerhöhung der Luftstrahl aus der Richtung b in die Richtung a abgelenkt; während der ganzen Expansionsperiode der Luft in der Pfeife, also während der Schwingung rückwärts, ist mithin eine bedeutend geringere widerstehende Kraft vorhanden, als die treibende Kraft bei der Schwingung vorwärts, im selben Verhältniss kleiner, wie es leichter ist einen schmalen Strahl durch einen kleinen Seitendruck auf einer verhältnissmässig grossen Länge um die Strahldicke abzulenken, als den Strahl in seiner eigenen Richtung rückwärts zu beschleunigen. Die Kraftkurven decken sich mithin gar nicht, sondern schliessen zwischen sich eine positive Fläche ein; die Schwingungen kommen daher nicht wieder von selbst zur Ruhe.

Kehren wir nun zu dem Regulirungsdiagramm zurück, so ist noch, bevor wir zu speciellen Anwendungen auf Maschinen schreiten, zu untersuchen, was für Widerstände vorhanden sind, welche die Schwingungen der Maschine um eine mittlere Geschwindigkeit herum allmählich zur Ruhe bringen wollen, wenn die Triebkräfte der Schwingungen aufhören.

II. Widerstände gegen Regulirungsschwingungen.

Lässt man einen Körper A (siehe Fig. 7) unter dem Einflusse einer an einem Ende E befestigten Feder B und unter Ueberwindung von Reibung auf einer Ebene C D hin und her schwingen, so hören die Schwingungen bald auf, wenn die durch die Reibung verlorene Arbeit nicht von aussen fortwährend wieder ersetzt wird. Ertheilt man aber dem Befestigungspunkte E der Feder parallel zur Ebene CD und in der Schwingungsebene eine konstante Geschwindigkeit, wie durch den Pfeil v angedeutet, so ändern sich die Verhältnisse vollständig. Wir setzen voraus, dass die Geschwindigkeit v grösser als die grösste Schwingungsgeschwindigkeit von A sei; es bewegt sich dann der Körper

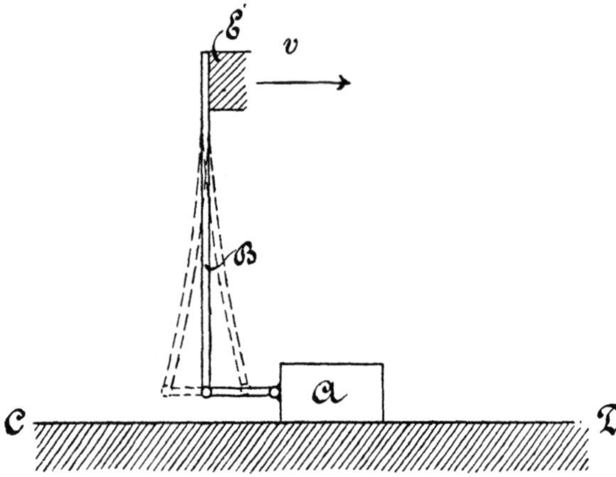

Fig. 7.

A unter dem kombinirten Einflusse der Schwingungen und der Vorwärtsbewegung v nie absolut rückwärts, sondern fortwährend, mit variabler Geschwindigkeit, vorwärts. Unter diesen Umständen übt die Reibung, wenn sie von der Geschwindigkeit unabhängig ist, keinen hemmenden Einfluss auf die Schwingungen, und diese würden, wenn keine anderen Energieverluste wären (wie z. B. Luftwiderstand), nicht von selbst aufhören. Bezeichnen wir die konstante Reibungskraft zwischen dem Körper A und der Ebene CD mit R, so ist, wenn A ohne Schwingungen eine Strecke l zurücklegt, die verlorene Reibungsarbeit gleich $R \times l$, und diese Arbeit muss durch eine Kraft R in E angreifend gegeleistet werden. Führt nun ein anderes mal der Körper A, während der Punkt E die Strecke l zurücklegt, Schwingungen aus, so ist, da der Körper A sich nie absolut rückwärts bewegt, der von demselben unter Ueberwindung von Reibung zurückgelegte Weg ebenfalls l und die verlorene Reibungsarbeit mithin wieder gleich R×l. Wir setzen voraus, dass das Ende E an einer sehr grossen Masse befestigt ist, so dass die Geschwindigkeit v fast konstant ist; es ist dann in E die Kraft R nothwendig und mithin die von aussen zugeführte Arbeit R × l genau gleich der verlorenen Reibungsarbeit. Der Energieinhalt des schwingenden Systems ist am Ende der Bewegung ebenso gross, wie zu Anfang; die lebendige Kraft hat nichts zur Verrichtung von Reibungsarbeit herzugeben brauchen.

Vom Gesichtspunkt des oben erörterten Schwingungsdiagrammes betrachtet, liegt die Haupteigenthümlichkeit des Vorganges darin, dass die Reibung hier als konstante Kraft immer nach derselben Richtung auftritt, auf die Relativbewegungen bezogen daher nicht wie sonst gewöhnlich immer der Bewegungsrichtung entgegengesetzt wirkt. Das Kräftediagramm der Schwingungen wird daher durch eine einzige schräge gerade Linie (BE Fig. 8) dargestellt und die Diagrammfläche ist gleich Null, während, wenn v gleich Null, bei jeder Bewegungsumkehr des schwingenden Körpers die Richtung der Reibungskraft plötzlich wechselt, so dass im Diagramm die Kraftkurven für Hin- und Rückgang durch parallele schräge Linien, welche zwischen sich eine negative Diagrammfläche einschliessen, dargestellt werden.

Ist der Widerstand des Körpers A von der Geschwindigkeit nicht unabhängig, so decken sich die Kraftkurven des Schwingungsdiagrammes für Hin- und Rückgang nicht. Nimmt der Widerstand bei wachsender Geschwindigkeit ab, wie es z. B. bei reichlich geschmierten Maschinenelementen innerhalb gewisser Geschwindigkeitsgrenzen der Fall ist, so wird bei einer konstanten Bewegung der Federbefestignng E (Fig. 7), z. B. nach rechts, eine Schwingungsbewegung des Körpers A nach rechts durch die vergrösserte Geschwindigkeit den Widerstand verkleinern. Die kombinirten Widerstands- und Federkräfte, welche bei konstantem Widerstand durch eine gerade Linie BE (Fig. 8) dargestellt sein würden, werden mithin jetzt durch eine Kurve EC_1B unterhalb EB dargestellt. Bei der jetzt folgenden Rückschwingung des Körpers nach links wird umgekehrt durch die Verlangsamung der absoluten Bewegung die Kraftkurve BCE oberhalb BE liegen. Die Kurven schliessen mithin eine positive Fläche F zwischen sich ein, und die Schwingungen werden, anstatt durch die Widerstände gedämpft zu werden, so paradox wie es scheint, fortwährend zunehmen, bis sie durch andere Einwirkungen begrenzt werden.[1])

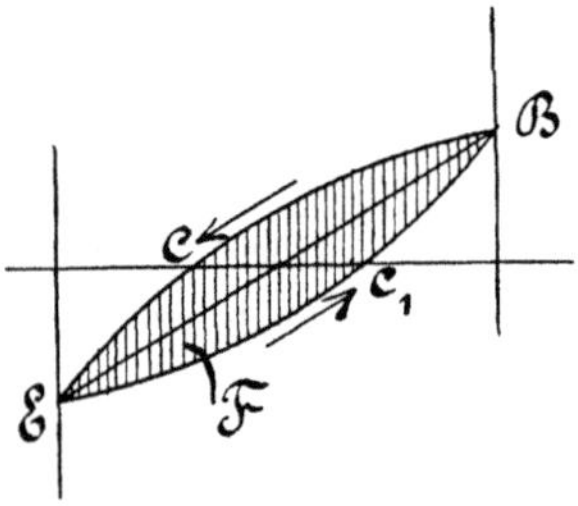

Fig. 8.

Widerstände, welche mit der Geschwindigkeit zunehmen, wie z. B. der Luftwiderstand, werden umgekehrt negative Diagrammflächen ergeben und dämpfend wirken, wobei aber ausdrücklich hervorzuheben ist, dass die negative Fläche nicht durch den Gesammtbetrag des Widerstandes, sondern nur durch die kleinen Differenzen der Widerstände bei Hin- und Rückgang hervorgerufen wird, so dass die dämpfende Wirkung auf die hier betrachteten Bewegungen immerhin klein ist.[2])

---

[1]) Als Beispiel für die paradoxe Erscheinung, dass die Reibung zwischen einem schwingenden und einem ununterbrochen vorwärts bewegten Körper unter Umständen anstatt die Schwingungen zu dämpfen, dieselben, trotz ihrer Energieverluste nach aussen, im Gegentheil im Gange erhält, mögen die Schwingungen, welche durch das Streichen einer Saite mit einem Bogen entstehen, erwähnt werden. Wenn bei den klebenden Eigenschaften des Kolophoniums die für die Erhaltung der Schwingungen absolut nothwendige Abnahme der Reibung mit der Zunahme der Geschwindigkeit möglicherweise nicht, wie in Fig. 8 angenommen, kontinuirlich geschieht, sondern in der Form eines mehr oder weniger plötzlichen Ueberganges von der Reibung der Ruhe in die Reibung der Bewegung auftritt, indem wir in Ergänzung unserer ersten Annahme hier auch den Fall betrachten, dass die maximale Schwingungsgeschwindigkeit gleich oder grösser als die absolute Bewegungsgeschwindigkeit sei, so hat dies keinen principiellen Einfluss auf die Vorgänge; nur würde dann das Diagramm in eine schräge gerade Linie übergehen, und an der Stelle, wo die Reibung der relativen Ruhe zwischen Saite und Bogen auftritt, eine wagerechte gerade Linie die plötzliche Aenderung im Kraftgesetz und die dadurch entstehende positive Diagrammfläche, welche sich im allgemeinen aus einem kleineren negativen und einem grösseren positiven Dreieck zusammensetzt, anzeigen.

[2]) Aendert sich der Widerstand langsamer als proportional der ersten Potenz der Geschwindigkeit, so ist die dämpfende Wirkung derselben kleiner, wenn eine fortschreitende Bewegung zur schwingenden hinzu-

Ganz ähnlich, wie der unter dem Einfluss der elastischen Kräfte der Feder einerseits und der widerstehenden Kräfte anderseits schwingende Körper A Fig. 7 verhält sich nun die rotirende Masse einer Turbine oder einer Dampfmaschine, welche durch gewisse Eigenthümlichkeiten der Regulirung in Schwingungen um die konstante mittlere Geschwindigkeit versetzt wird. Diejenigen Bewegungswiderstände der Maschine, welche unabhängig von der Geschwindigkeit sind, oder mit wachsender Geschwindigkeit abnehmen, werden nicht zu einer Dämpfung der Schwingungen beitragen, und diejenigen, welche mit der Geschwindigkeit wachsen, verhältnissmässig wenig, nur mit einem kleinen Bruchtheil ihrer absoluten Grösse. Regulirungen, deren Schwingungsdiagramm eine Fläche gleich Null einschliessen, werden deshalb lange hin und her schwingen, bevor sie zur Ruhe kommen. Man kann daher als Regel aufstellen, dass eine brauchbare Regulirung **negative** Flächen im Schwingungsdiagramm zeigen muss.

Bei Turbinen giebt es einen Widerstand gegen Schwingungen, welcher sich mit der Geschwindigkeit so rasch ändert, dass wir seinen Einfluss etwas näher untersuchen müssen, bevor wir die soeben ausgesprochene Regel als allgemeingültig bezeichnen können. Stellt man bei einer gegebenen Beaufschlagung die Leistung einer Turbine als Funktion der Umdrehungszahl durch eine Kurve dar, deren Ordinaten die Leistungen und deren Abscissen die Umdrehungsgeschwindigkeit darstellen, so sieht diese Kurve in der Nähe des günstigsten Wirkungsgrades

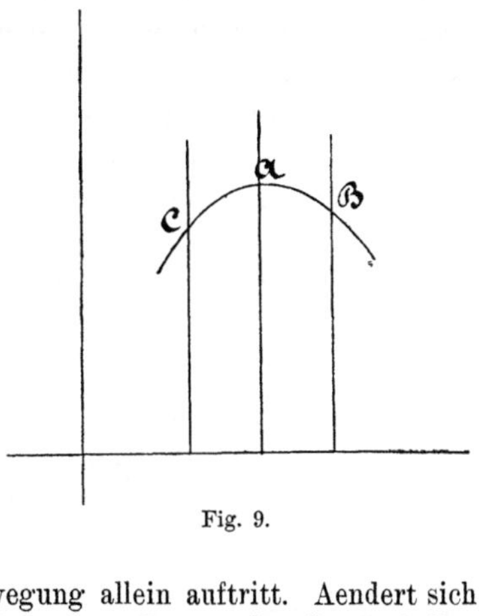

Fig. 9.

kommt, als wenn die schwingende Bewegung allein auftritt. Aendert sich aber der Widerstand rascher als mit der ersten Potenz der Geschwindigkeit, so ist die dämpfende Wirkung derselben grösser, wenn eine fortschreitende Bewegung zur schwingenden hinzukommt, als wenn die Schwingung allein auftritt.

ungefähr wie in Fig. 9 dargestellt aus. An der Stelle der grössten Leistung ist die Tangente wagerecht, also die Leistung unabhängig von kleinen Geschwindigkeitsänderungen. Da nun die Leistung gleich Kraft mal Geschwindigkeit ist, so muss innerhalb der Grenzen, wo man praktisch dieses Produkt als konstant ansehen kann, die Kraft umgekehrt proportional der Geschwindigkeit oder genau genug die Kraftänderung der Geschwindigkeitsänderung proportional sein. Wächst mit anderen Worten die Geschwindigkeit um $1^0/_0$, so sinkt die Kraft um $1^0/_0$ und umgekehrt. Für einen Punkt B im äusseren Teil der Kurve sinkt die Leistung, wenn die Geschwindigkeit steigt. Bei einer Vergrösserung der Geschwindigkeit um $1^0/_0$ sinkt demnach die Kraft um mehr als $1^0/_0$ und bei einer Abnahme der Geschwindigkeit um $1^0/_0$ steigt die Kraft um mehr als $1^0/_0$. Für einen Punkt E im innern Theil der Kurve ändert sich anderseits die Kraft weniger als $1^0/_0$ bei $1^0/_0$ Geschwindigkeitsänderung. Aber Null wird die Aenderung nirgends; denn selbst bei fast stillstehender Turbine wird eine Verlangsamung der Bewegung eine Vergrösserung der Kraft herbeiführen.

Da die Turbine fast immer in der Nähe des günstigsten Wirkungsgrades benutzt wird, können wir also rund rechnen, dass eine Aenderung der Geschwindigkeit um $1^0/_0$ sofort eine Kraftänderung um $1^0/_0$ zur Folge hat. Nehmen wir an, dass die Turbine in einem gegebenen Falle angenäherte Sinusschwingungen um die mittlere Geschwindigkeit herum ausführt, so würde sich die soeben erörterte Eigenschaft der Turbine, ihre Kraft selbstthätig umgekehrt proportional der Geschwindigkeit einzustellen, im Schwingunsdiagramm durch eine Ellipse darstellen lassen, deren Fläche als negativ zu rechnen ist (siehe Fig. 10); denn die Geschwindigkeiten einer Sinusschwingung werden in diesem Diagramm durch einen Kreis oder eine Ellipse dargestellt, und da nun, wie oben auseinandergesetzt, die Kräfte, mit

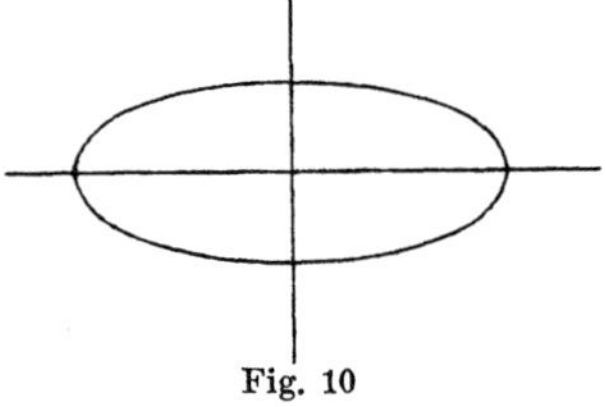

Fig. 10

welchen eine Turbine sich jeder Geschwindigkeitsänderung widersetzt, proportional den entstandenen Geschwindigkeitsabweichungen sind, so werden auch diese Kräfte durch eine Ellipse dargestellt.

Wir müssen uns nun in Bezug auf diese selbstregulirende Eigenschaft der Turbinen die Frage stellen, ob die schwingungsdämpfende Kraft, welche also für jedes Procent der Geschwindigkeitsabweichung ein Procent der augenblicklichen Triebkraft beträgt, als verhältnissmässig gross oder als verhältnissmässig klein zu bezeichnen ist. Hat der Regulator z. B. einen Ungleichförmigkeitsgrad von $3^0/_0$, so beträgt die Geschwindigkeitsdifferenz zwischen Leerlauf und Maximalleistung der Turbine $3^0/_0$ der mittleren Geschwindigkeit. Man kann also rund rechnen, dass einer bleibenden Änderungen der Umdrehungszahl um $1^0/_0$ im Mittel eine Änderung der Leistung um $33^1/_3{}^0/_0$ entspricht. Die selbstregulirenden Kräfte sind mithin in dem vorliegenden Falle im Mittel ungefähr $^1/_{33}$ der vom Regulator bei denselben Geschwindigkeitsänderungen eingestellten; man kann sie daher wohl als verhältnissmässig klein bezeichnen und darf sich nicht viel auf den günstigen Einfluss der Selbstregulirung verlassen, wenn kleine Ungleichförmigkeitsgrade verlangt werden.

Ausser den Widerständen der Kraftmaschine selbst gegen Schwingungen des Schwungrades sind natürlich auch die Widerstände der angetriebenen Maschinen gegen solche Schwingungen zu berücksichtigen. In einigen Fällen ändert sich der Widerstand dieser Maschinen nicht wesentlich mit der Geschwindigkeit, so dass eine schwingungsdämpfende Wirkung nicht vorhanden ist; in anderen Fällen nimmt der Widerstand sehr merkbar mit der Geschwindigkeit zu. Bei Dynamomaschinen besonders wächst er so rasch, dass deren schwingungsdämpfende Eigenschaft viel stärker als diejenige der Turbinen ist; bei gewöhnlichen Betriebsdampfmaschinen, an welche auch eine Dynamomaschine für elektrisches Licht angehängt ist, können sich die selbstregulirenden Eigenschaften der letzteren daher immerhin merkbar zeigen, weil bei solchen gewöhnlichen Betriebsmaschinen der Regulator meistens sehr statisch ist und Geschwindigkeitsänderungen von $5^0/_0$ nichts Seltenes sind. Bei den geringen Geschwindigkeitsänderungen einer vollkommeneren Regulirung tritt aber diese günstige Eigenschaft bei Dynamomaschinen wie bei

Turbinen zurück, so dass zu einer raschen Schwingungsdämpfung immer negative Flächen im Regulirungsdiagramm nothwendig sind.

III. Untersuchung und Berechnung der Regulirungsschwingungen.

Um im Folgenden Wiederholungen möglichst zu vermeiden, wollen wir, bevor wir zur Untersuchung der einzelnen Regulirungsfragen übergehen, die bei den Regulirungsdiagrammen gewählten Darstellungseinzelheiten und konkreten Vorstellungen noch kurz erörtern.

Wir werden alle Kräfte und Geschwindigkeiten als positiv nach rechts und nach oben rechnen; die absolute Bewegung des relativen Schwingungsdiagrammes denken wir uns als nach rechts erfolgend. Eine Bewegung nach rechts im Diagramm stellt also eine absolute Bewegung dar, welche schneller als die mittlere, und eine Bewegung nach links eine absolute Bewegung, welche langsamer als die mittlere ist. Den Regulator stellen wir uns in der gebräuchlichsten Anordnung vor, bei welcher die Hülse nach oben geht, wenn die Geschwindigkeit zunimmt. Als Kräfte am Regulator treten dessen Stabilitätskräfte, also bei kleinen Schwingungen genau genug Kräfte, welche den Ordinaten im Diagramm proportional sind, auf, und zwar ziehen diese immer gegen die Abscissenaxe, sind also oben negativ und unten positv. Ausserdem treten noch als Kräfte am Regulator diejenigen auf, welche durch die Abweichung der augenblicklichen Maschinengeschwindigkeit von der mittleren, der konstanten Maschinenbelastung entsprechenden Geschwindigkeit entstehen; diese letzteren Kräfte sind mit vollständig genügender Genauigkeit den Geschwindigkeitsabweichungen, also im Diagramm der ganzen wagerechten Geschwindigkeit, direkt proportional, und zwar wirkt jede Bewegung nach links negativ, also nach unten und jede Bewegung nach rechts positiv, also nach oben.

Da, wie schon erörtert, die Widerstände gegen die Maschinenschwingungen immer klein und oft praktisch Null sind, werden Schwingungen mit positiven Diagrammen fortwährend zunehmen und Schwingungen mit negativen Diagrammen fortwährend abnehmen; die Diagramme werden mithin keine geschlossenen Kurven bilden, sondern spiralförmig verlaufen. Da es uns hier aber nur auf die Neigung der Regulirung zur Schwingungsvergrösserung oder Schwingungsdämpfung ankommt, können wir, wenn es bequem erscheint an Hand geschlossener Kurven die nothwendige Ueberlegung durchzuführen, uns einfach einen künstlichen Widerstand gegen die Maschinenschwingungen (z. B. Luftwiderstand) beziehungsweise eine schwingungsvermehrende Kraft (z. B. eine mit zunehmender Geschwindigkeit abnehmende Zapfenreibung) angebracht denken, so dass trotz der Diagrammfläche ein Beharrungszustand besteht. Wir werden dies öfters benutzen und mit geschlossenen Kurven, also mit dem Beharrungszustand, arbeiten.

Ausser dem oben beschriebenen Diagramm der Relativbewegungen, welches für die Anschauung und die Erkenntniss der Regulirungsvorgänge als Schwingungen von grosser Bedeutung ist, werden wir im Folgenden auch noch das bekannte fortlaufende Diagramm (Fig. 11), dessen Abscissen die

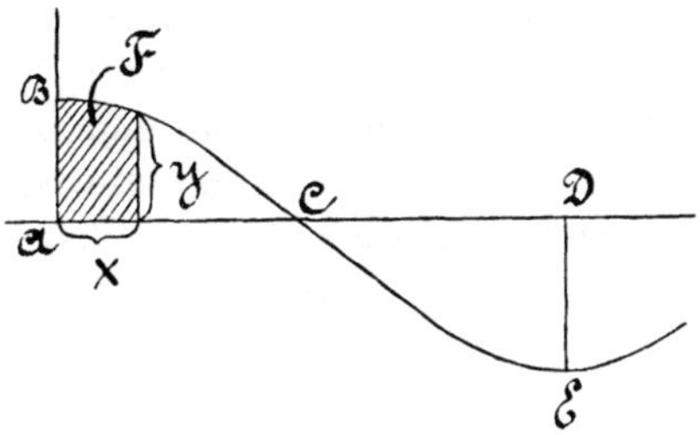

Fig. 11.

absolute Bewegung eines Punktes der Turbine oder des Schwungrades und dessen Ordinaten wieder die Triebkräfte oder die Regulatorstellung bilden, benutzen, weil es für analytische Berechnungen bisweilen bequem ist, eine Geschwindigkeit längs der Abscissenaxe zu haben, welche genau genug konstant ist, so dass man nach Bedarf die Abscissen auch als Zeit auffassen kann. Wir werden diese beiden Diagramme im Folgenden zur Unterscheidung kurz als „Relativdiagramm“ und „absolutes Diagramm“ bezeichnen, und da wir beim „Relativdiagramm" eine absolute Bewegung nach rechts annehmen, werden wir auch das absolute Diagramm immer nach rechts verlaufend zeichnen.

Wir denken uns jetzt zuerst eine Turbine mit einem beliebig schweren Schwungrade und einem beliebig statischen Regulator, setzen aber vorläufig voraus, dass der Regulator keine Reibung und überhaupt keine Widerstände zu überwinden hat. Bei konstanter Belastung der Maschine und im Beharrungszustande denken wir uns die Regulatorhülfe durch eine äussere Kraft plötzlich um die Strecke AB (siehe Fig. 12) nach oben verschoben und in B nach Vernichtung

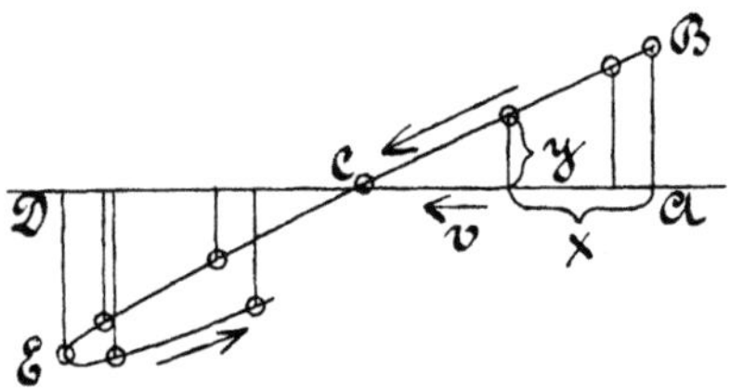

Fig. 12.

der entstandenen lebendigen Kraft sofort wieder losgelassen. Im Diagramm fängt die reducirte rotirende Masse M sofort an, sich nach links zu bewegen, während der Regulator allmählich nach unten geht. Es entsteht die Schwingungskurve BCE. Zur Aufzeichnung dieser Kurve hat man für kleine Ausschläge die Kraft am Regulator:

$$p = -a \cdot y + b \cdot v \quad . \quad . \quad . \quad . \quad . \quad . \quad (1)$$

und die wagerechte Kraft an der Masse M:

$$P = -c \cdot y \quad . \quad . \quad . \quad . \quad . \quad . \quad . \quad (2)$$

wo a, b und c konstante Werthe sind und v die augenblickliche wagerechte Geschwindigkeit ist. Theilt man das Diagramm in so schmale Zeitstreifen, dass man innerhalb jedes Streifens die Kräfte p und P als konstant ansehen darf, so kann man aus den Gleichungen (1) und (2) nach den Gesetzen für konstant beschleunigte oder verzögerte Bewegung die Kurve BCE aufzeichnen. In der Figur 12 ist dies für eine Maschine mit sehr grossen Schwungradmassen und einem sehr statischen Regulator ausgeführt. Die senkrechten Linien markiren gleiche Zeitabschnitte, so dass man die Beschleunigungen und Verzögerungen in senkrechter und wagerechter Richtung in der Figur verfolgen kann. Wie man sofort aus der Kurve ersieht, ergiebt sich eine positive Diagrammfläche, die Schwingungen werden immer stärker und stärker werden, und die Regulirung ist daher unbrauchbar.

Dies war aber vorauszusehen; man hat es hier mit einem Schwingungsfalle zu thun, welcher demjenigen der Orgelpfeife ähnlich ist. Wären die verzögernden Kräfte am Regulator im unteren Theil der Kurve in jedem Punkte gleich den entsprechenden beschleunigenden Kräften im oberen Theil, so würden die Kurventheile E C und B C kongruent sein und die Schwingungskurve für den Rückgang sich mit derjenigen für den Hingang decken, indem dann D E = A B und der Rückgang unter genau denselben Verhältnissen in E anfangen würde, wie der Hingang in B. Nun wechselt aber nur die Kraft a . y ihr Vorzeichen in dem Augenblick, wo die Kurve die Abscissenaxe schneidet; die Kraft b . v behält ihr Vorzeichen, also ihre Richtung, bis zum Endpunkte der Schwungradschwingung bei, wirkt mithin während der ganzen Zeit von B bis E **nach unten**, so dass D E grösser als A B werden **muss**.

In dem Grenzfalle, wo der Regulator so stark statisch und das Schwungrad so schwer ist, dass man das zweite Glied, b . v, in der Gleichung (1) als fast gleich Null vernachlässigen kann, geht die Schwingung in eine Sinusschwin-

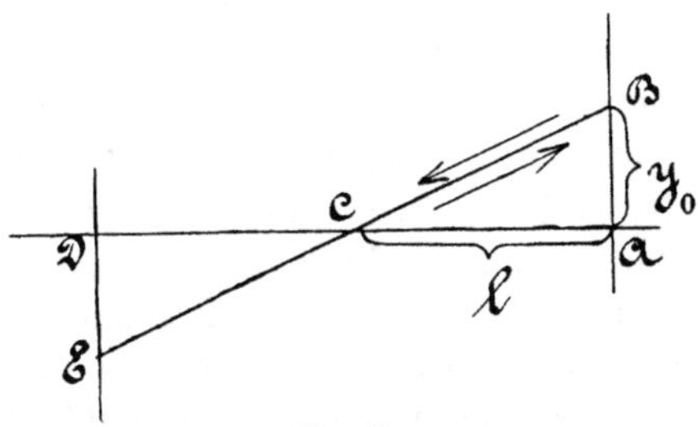

Fig. 13.

gung über, indem $\frac{p}{P} = \frac{a}{c}$ konstant für die ganze Kurve, so dass diese in eine gerade Linie übergeht (siehe Fig. 13). Die Diagrammfläche wird dann gleich Null, die Regulirung also immer noch kaum brauchbar.

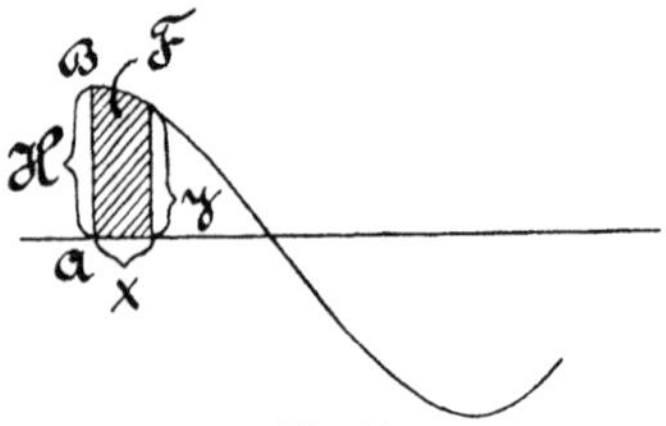

Fig. 14.

Rechnerisch lässt sich das Verhalten einer reibungslosen Regulirung am leichtesten an Hand des „absoluten“ Diagrammes verfolgen. Hebt man, während sich alles im Beharrungszustande befindet, wieder die Regulatorhülse plötzlich um AB (Fig. 14) in die Höhe und lässt sie dort nach Vernichtung der lebenden Kraft los, so hat man als Ausdruck für die Kraft, welche nach einer beliebigen Zeit am Regulator wirkt:

$$\frac{d^2 y}{d x^2} = - a \cdot y - b F \quad . \quad . \quad . \quad . \quad . \quad (3)$$

Da wir uns nämlich nur mit ganz kleinen Regulatorbewegungen zu befassen brauchen, so ist die wagerechte Geschwindigkeit im Diagramm mit vollständig genügender Genauigkeit als konstant zu betrachten; $\frac{d^2 y}{d x^2}$ ist mithin als senkrechte Beschleunigung ein Maass für die Kraft am Regulator.

Die Kräfte, welche in einem gegebenen Augenblick an einem schwingenden Regulator, auf die Hülse reducirt, wirken, setzen sich, wie schon wiederholt angedeutet, aus zwei Einzelkräften zusammen, die ganz verschiedenartig sind. Die eine ist die zurückziehende Kraft der Stabilität des Regulators ($- a \cdot y$), welche beim Passiren des Regulators durch seine Beharrungsstellung ihr Vorzeichen ändert, und die andere diejenige Kraft, welche durch die Abweichung der augenblicklichen Umdrehungsgeschwindigkeit von derjenigen des Beharrungszustandes entsteht ($- b \cdot F$), und welche ihr Vorzeichen in den beiden Endpunkten der Schwungradschwingung ändert. Dass diese letztere im „absoluten“ Diagramm der Diagrammfläche F proportional sein muss, folgt daraus, dass die lebendige Kraft der rotirenden Masse M, deren Aenderungen durch F dargestellt werden, ebenso wie die Centrifugalkraft am Regulator dem Geschwindigkeitsquadrate proportional und somit die Aenderungen der letzteren auch mit F proportional sind. Mit diesen beiden hier definirten Einzelkräften werden wir im Folgenden so oft zu thun haben, dass es ganz nothwendig ist, möglichst kurze Namen für sie einzuführen. Mangels kürzerer Ausdrücke werden wir sie im Folgenden: „Triebkraft durch falsche Stellung" und „Triebkraft durch falsche Geschwindigkeit" nennen.

Differentirt man die Gleichung (3), so erhält man:

$$\frac{d^3 y}{d x^3} = -a \frac{d y}{d x} - b y \quad . \quad . \quad . \quad . \quad . \quad (4)$$

Diese lineare Differentialgleichung dritten Grades lässt sich leicht integriren; das vollständige Integral lautet:

$$y = C_1 e^{(u_1 + u_2) x} + e^{-\frac{u_1 + u_2}{2} x} \left[C_2 \cos \frac{\sqrt{3}}{2} (u_1 - u_2) x + \right.$$

$$\left. + C_3 \sin \frac{\sqrt{3}}{2} (u_1 - u_2) x \right] \quad . \quad . \quad . \quad . \quad . \quad (5)$$

$$\text{wo } u_1 = \sqrt[3]{-\frac{b}{2} + \sqrt{\frac{b}{4} + \frac{a^3}{27}}} \text{ und } u_2 = \sqrt[3]{-\frac{b}{2} - \sqrt{\frac{b^2}{4} + \frac{a^3}{27}}}$$

Die Werthe der drei Konstanten ergeben sich aus den drei Bedingungen, dass für $x = 0$

$$y = H \qquad \frac{d y}{d x} = 0 \quad \text{und} \quad \frac{d^2 y}{d x^2} = -a H \text{ ist, zu}$$

$$C_1 = H \frac{(u_1 + u_2)^2 + 3 (u_1 - u_2)^2 - 4 a}{9 (u_1 + u_2)^2 + 3 (u_1 - u_2)^2}$$

$$C_2 = H \frac{8 (u_1 + u_2)^2 + 4 a}{9 (u_1 + u_2)^2 + 3 (u_1 - u_2)^2}$$

$$C_3 = H \frac{2 (u_1 + u_2)^2 - 2 (u_1 - u_2)^2 + 4 a}{9 (u_1 + u_2)^2 + 3 (u_1 - u_2)^2} \cdot \frac{\sqrt{3} (u_1 + u_2)}{(u_1 - u_2)}$$

Da $(u_1 + u_2)$ immer negativ ist, solange a und b positiv

sind, d. i. bei allen statischen Regulatoren, so wird $C_1\, e^{(u_1 + u_2)\,x}$ bei wachsendem x immer kleiner und kleiner, während $e^{-\frac{u_1 + u_2}{2}x}$ unbegrenzt wächst. Der Werth in der eckigen Klammer ändert sich periodisch innerhalb konstanter Grenzen. Die Regulirungskurve ist also für alle widerstandslosen Regulatoren, statische und astatische, eine Wellenlinie mit immer zunehmender Schwingungsamplitude. Fig. 14 ist nach Gleichung (5) für denselben statischen Regulator und dieselben Verhältnisse wie Fig. 12 aufgezeichnet.

Wir denken uns jetzt zu den Kräften in der Regulirung einen konstanten Reibungswiderstand hinzugefügt. Hebt man wieder während des Beharrungszustandes die Regulatorhülse um die Strecke A B plötzlich in die Höhe (siehe Fig. 15) und

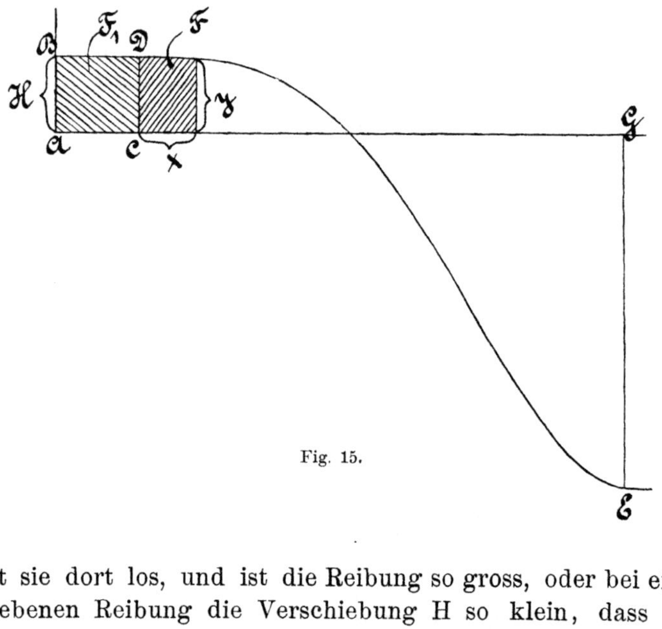

Fig. 15.

lässt sie dort los, und ist die Reibung so gross, oder bei einer gegebenen Reibung die Verschiebung H so klein, dass der Regulator sich nicht sofort bewegen kann, so bleibt dieser während einer gewissen Zeit B D in konstanter Höhe H stehen, bis die Kräfte an demselben bei D genügen, um die Abwärtsbewegung einzuleiten. Man hat dann für die Kräfte am Regulator:

$$\frac{d^2 y}{d x^2} = -a y - b(F + F_1) + R$$

ähnlich wie in Fig. 14, nur dass F_1 und die Reibung R hinzugekommen sind. Für die Reibung hat man ferner:

$$R = a H + b F_1.$$

Mithin

$$\frac{d^2 y}{d x^2} = -a y - b F - b F_1 + a H + b F_1$$

$$\frac{d^2 y}{d x^2} = a(H - y) - b F \quad . \quad . \quad . \quad . \quad . \quad (6)$$

Differentirt man dies, so erhält man:

$$\frac{d^3 y}{d x^3} = -a \frac{d y}{d x} - b y$$

also dieselbe Differentialgleichung wie für reibungslose Bewegung. Die Gleichung der Diagrammkurve lautet also:

$$y = C_1 e^{(u_1 + u_2) x} + e^{-\frac{u_1 + u_2}{2} x} \left[C_2 \cos \frac{\sqrt{3}}{2} (u_1 - u_2) x + \right.$$

$$\left. + C_3 \sin \frac{\sqrt{3}}{2} (u_1 - u_2) x \right] \quad . \quad . \quad . \quad . \quad (7)$$

Der einzige Unterschied besteht darin, dass die Konstanten C_1, C_2 und C_3 andere Werthe haben; diese ergeben sich aus den drei Bedingungen, dass bei $x = 0$

$$y = H, \qquad \frac{d y}{d x} = 0 \quad \text{und} \quad \frac{d^2 y}{d x^2} = 0 \text{ ist, zu:}$$

$$C_1 = H \frac{(u_1 + u_2)^2 + 3(u_1 - u_2)^2}{9(u_1 + u_2)^2 + 3(u_1 - u_2)^2}$$

$$C_2 = H \frac{8(u_1 + u_2)^2}{9(u_1 + u_2)^2 + 3(u_1 - u_2)^2}$$

$$C_3 = H \frac{2(u_1 + u_2)^2 - 2(u_1 - u_2)^2}{9(u_1 + u_2)^2 + 3(u_1 - u_2)^2} \cdot \frac{\sqrt{3}(u_1 + u_2)^2}{(u_1 - u_2)}$$

Bei der Diskussion der obigen Diagrammgleichung (7) hat man zu berücksichtigen, dass diese ihre Gültigkeit nur bis zur ersten Bewegungsumkehr behält, also bis $\frac{dy}{dx}$ zum ersten Mal wieder gleich Null wird; denn bei jeder Bewegungsumkehr ändert sich plötzlich das Vorzeichen des Reibungswiderstandes. Dieses Kurvenstück bis zur ersten Bewegungsumkehr genügt aber, um die Wirkung der Reibung auf die Regulirung zu erkennen. Betrachten wir erst den Grenzfall, dass der Regulator astatisch ist, so sieht man aus Gleichung (6), in welcher $a = 0$ wird, und aus der Fig. 15, dass die Kurve für diesen Fall identisch mit derjenigen der reibungslosen Regulirung ist, bis der Regulator in einem Abstande EG von der Beharrungsstellung, grösser als der ursprüngliche Abstand CD, vorübergehend zur Ruhe kommt. Die Vergrösserung der Schwingungen ist also genau dieselbe wie bei dem widerstandslosen Regulator, die Reibung hat weder eine verbessernde noch eine verschlechternde Einwirkung gezeigt. In Fig. 15 ist nach Gleichung (7) die Regulirungskurve im selben Massstab und für genau dieselben Verhältnisse (Schwungradmasse, Regulatormasse etc.) wie in Fig. 12 und 14 aufgezeichnet, nur mit dem Unterschied, dass der Regulator nicht statisch, sondern astatisch ist. Wie man sieht, ändert sich durch das Verschwinden der statischen Eigenschaften des Regulators, also der „Triebkraft durch falsche Stellung", unter anderem auch die Schwingungszeit.

Zeichnet man dagegen die Kurve für einen stark statischen Regulator auf, so sieht diese wie in Fig. 16 dargestellt

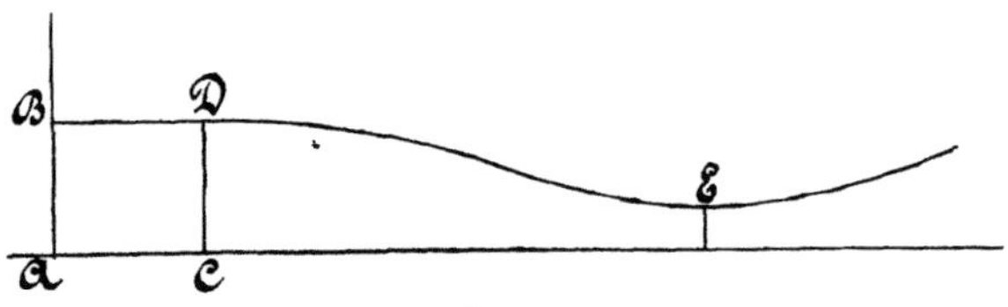

Fig. 16.

aus. Dass die Kurve von E an wieder nach oben geht, kommt daher, dass in den Gleichungen die Reibung R als nach oben wirkende aktive Kraft angenommen ist; da sie in Wirklichkeit nur passiv ist, unterbleibt die Aufwärtsbewegung, der

Regulator bleibt eine Zeit lang (E G Fig. 17) in konstanter Höhe stehen und fängt dann wieder an, sich nach unten zu bewegen, genau wie bei D. Da in der Gleichung (7) die

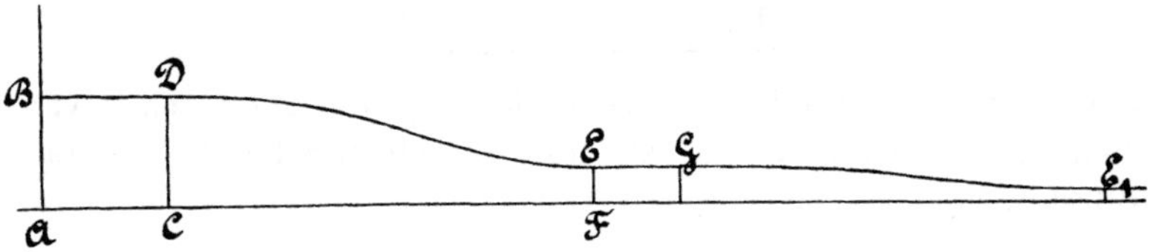

Fig. 17.

Konstanten C_1, C_2 und C_3 alle drei proportional H und sonst nur von den Konstanten a und b abhängig sind, so fängt bei G genau dasselbe Spiel wie bei D an, nur mit im Verhältniss $\frac{EF}{CD}$ verkleinerten Ordinaten. Der Regulator nähert sich mithin ruckweise asymptotisch der Beharrungsstellung.

Während also bei einem astatischen Regulator eine konstante Reibung weder verschlechternd noch verbessernd wirkte, wirkt sie bei einem statischen Regulator günstig, so dass bei einem bestimmten Grade der Stabilität die Regulirung praktisch brauchbar werden würde, indem, wie in Fig. 17 dargestellt, der Regulator sich asymptotisch der Beharrungsstellung nähert. Fig. 17 ist für genau denselben Regulator, dasselbe Schwungrad etc. wie Fig. 12 und 14 gezeichnet, nur mit dem Unterschied, dass eine konstante Reibung hinzugekommen ist. Bei welchem Grade der Stabilität diese asymptotische Bewegung zuerst anfängt sich zu zeigen, liesse sich aus der Gleichung (7) ableiten; die umständliche Rechnung hat aber keinen Werth; denn die gemachte Annahme, dass die Widerstände gegen die Regulatorbewegungen konstant seien, weicht so sehr von der Wirklichkeit ab, dass wir erst diese Annahme berichtigen müssen. Die Reibung der Bewegung wird immer kleiner als die Reibung der Ruhe sein; sobald die Bewegung anfängt, sinkt der Widerstand plötzlich um einen gewissen Betrag. Auf die Fig. 15 und Gleichung (6) bezogen heisst dies, dass beim Bewegungsanfang plötzlich eine konstante Kraft p nach unten wirkend zu den anderen Kräften hinzutritt; man hat also:

$$\frac{d^2 y}{d x^2} = a(H - y) - b F - p \qquad \text{und}$$

$$\frac{d^3 y}{d x^3} = - a \frac{d y}{d x} - b y$$

mithin wieder dieselbe Kurvengleichung wie oben (7). Nur sind die Konstanten C_1, C_2 und C_3 entsprechend den Bedingungen, dass bei $x = 0$

$$y = H, \qquad \frac{d y}{d x} = 0 \qquad \text{und} \qquad \frac{d^2 y}{d x^2} = -p \text{ ist:}$$

$$C_1 = \frac{H[(u_1 + u_2)^2 + 3(u_1 - u_2)^2] - 4p}{9(u_1 + u_2)^2 + 3(u_1 - u_2)^2}$$

$$C_2 = \frac{H \cdot 8(u_1 + u_2)^2 + 4p}{9(u_1 + u_2)^2 + 3(u_1 - u_2)^2}$$

$$C_3 = \frac{H \cdot 2[(u_1 + u_2)^2 - (u_1 - u_2)^2] + 4p}{9(u_1 + u_2)^2 + 3(u_1 - u_2)^2} \cdot \frac{\sqrt{3}(u_1 + u_2)}{(u_1 - u_2)}$$

Vergleicht man diese Konstanten mit den entsprechenden für einen reibungslosen Regulator, so sieht man, dass sie identisch sind, wenn $p = aH$ ist. aH ist die Triebkraft des Regulators „durch falsche Stellung" im Punkte B (Fig. 14). Wenn p gleich dieser Kraft ist, wenn mit anderen Worten die Reibung, sobald wie die Bewegung anfängt, auf Null sinkt, so ist die Diagrammkurve identisch mit derjenigen eines reibungslosen Regulators, wie es ja auch selbstverständlich ist. Wenn anderseits $p = 0$ ist, so hat man konstante Reibung. Wenn $0 < p < aH$, so liegen also die Verhältnisse während des ersten Kurvenstückes bis zur ersten Bewegungsumkehr des Regulators zwischen denen bei konstanter Reibung und denen für die Reibung Null. Nun kann aber p viel grösser als aH werden, indem bei wenig statischen Regulatoren a sehr klein, bei astatischen gleich Null ist; in diesem Falle wird die variable Reibung sogar noch ungünstigere Verhältnisse geben als der widerstandslose Regulator, von dem wir gefunden haben, dass er, mag er statisch oder astatisch sein, praktisch unbrauchbar ist.

Diese Thatsachen sind auch unmittelbar aus dem Diagramme zu ersehen. Betrachtet man einen Regulator, welcher so statisch ist, dass er bei einem konstanten Widerstande R gerade noch brauchbare Diagrammkurven giebt, so dass die Ordinate der ersten Bewegungsumkehr E F gleich der Anfangsordinate D C ist (Fig. 18), und denkt man sich jetzt die Reibung anstatt konstant bei Bewegungsanfang plötzlich abnehmend von R auf r, so wirkt während der ganzen Periode D E ausser den alten Kräften jetzt noch eine konstante Kraft p = R − r nach unten, E F muss dadurch grösser als D C werden und die Regulirung ist unbrauchbar. Die plötzlich abnehmende Reibung zeigt sich also als ungünstiger wie die konstante. Betrachtet man ferner einen astatischen Regulator, so ist das erste Diagrammkurvenstück, wie oben gezeigt, identisch, ob mit konstanter Reibung oder ohne Reibung. Tritt aber bei Uebergang aus der Ruhe in Bewegung eine Abnahme der Reibung von R auf r ein, so wirkt jetzt ausser den anderen Kräften noch die konstante Kraft p = R − r fortwährend nach unten und vergrössert die ohnehin bestehende Zunahme der Schwingungsamplitude E G − D C (Fig. 15). Bei einem astatischen Regulator ist a = 0; man sieht hieraus also wieder, dass eine Reibungsabnahme p > a H, welche bei wenig statischen Regulatoren immer eintreten wird, schädlicher wirkt, nicht nur als konstante Reibung, sondern auch als die Reibung Null.

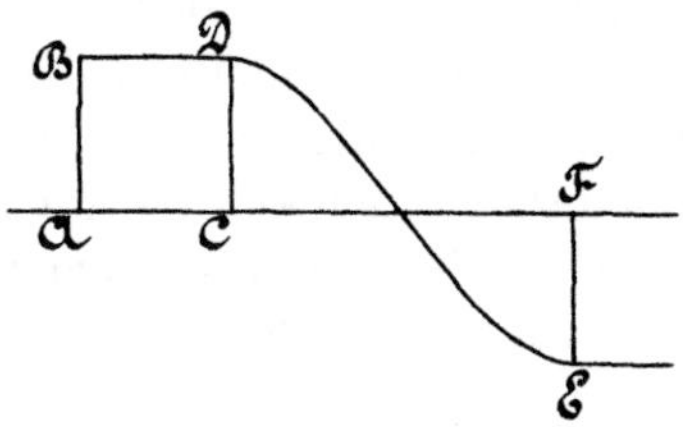

Fig. 18.

Hiermit, dass man den Regulator statischer machen muss, als wenn die Reibung konstant wäre, damit die Schwingungen allmählich abnehmen, ist aber das Unheil, welches der Unterschied der Reibung der Ruhe und Reibung der Bewegung hervorruft, noch nicht erschöpft. Wie ist der Endzustand, welchem sich eine solche Regulirung nähert? Nähert sich der Regulator wie bei konstanter Reibung asymptotisch einer Beharrungsstellung?

Wir denken uns den Regulator in der unmittelbaren

Nähe der Beharrungsstellung, aber noch nicht genau in derselben angelangt. Durch die falsche Stellung desselben ändert sich die Geschwindigkeit der Maschine (wenn der Widerstand, welchen die letztere zu überwinden hat, von der Geschwindigkeit unabhängig ist) so lange, bis die entstehende Kraft am Regulator die Reibung überwindet und denselben verschiebt; da hierbei die Reibung sofort sinkt, kann der Regulator nicht in der unmittelbar benachbarten Beharrungsstellung stehen bleiben, sondern schiesst darüber hinaus und bleibt in einer entgegengesetzt falschen Lage stehen, bis wieder in umgekehrter Richtung dasselbe Spiel erfolgt. Nur durch Zufall kann er genau in die richtige Stellung kommen, und da der Zufall selbstverständlich für Regulirungen, an welche höhere Forderungen gestellt werden, nicht genügt, so kann man allgemein sagen, dass Regulatoren und Stellzeuge, welche einigermassen grosse Widerstände haben, für vollkommenere Regulirungen nicht brauchbar sind. Sie werden fortwährende Geschwindigkeitsschwankungen mindestens um den Unempfindlichkeitsgrad hervorrufen, selbst wenn der Regulator kaum merkbar auf und ab rückt.

Dies lässt sich alles auch aus den obigen Gleichungen für die Regulirungskurve herauslesen; denn wenn der Regulator in der Nähe seiner Beharrungsstellung sich befindet, ist H fast gleich Null, a H also selbst bei dem statischesten Regulator kleiner als p; die Schwingungen werden nicht abnehmen, sondern zunehmen, bis bei einer bestimmten Schwingungsamplitude des Regulators a H so viel grösser als p wird, dass die Schwingungen in konstanter Grösse andauern.

Da nun fast alle bis jetzt allgemein gebräuchlichen Regulatoren mit Gewichts- oder Feder-Belastung bedeutende Gelenkreibungen haben, so müssten demnach fast alle existirenden Maschinenanlagen fortwährende Geschwindigkeitsschwankungen aufweisen. Bekanntlich ist dies nun, wenigstens bei Dampfmaschinenanlagen, gar nicht der Fall; es giebt viele Anlagen, welche, wie man es z. B. bei Dynamobetrieb am Voltmeter beobachten kann, bei konstanter Belastung praktisch vollkommen konstante Geschwindigkeit einhalten. Dieser scheinbare Widerspruch erklärt sich einerseits aus der bis jetzt viel zu wenig beachteten Thatsache, dass der wirkliche Unempfindlichkeitsgrad einer Regulirung ganz und gar nicht mit demjenigen übereinstimmt, den man ausrechnet, indem man die sämmtlichen Widerstände gegen die Regulatorbewegungen durch die sogenannte Energie des Regulators dividirt, und anderseits daraus, dass die Widerstände, welche die meisten Maschinen zu überwinden haben, mit der Geschwindigkeit wachsen.

Zwei Eigenthümlichkeiten bei Dampfmaschinen, welche allgemein, besonders bei Ventil-Steuerungen, nur als Uebelstände bezeichnet werden, und deren Beseitigung in einer Anzahl von Regulirungen sogar besonders angestrebt wird, sind es, welche trotz ihrer allgemeinen Verkennung die einzige Rettung für die feineren Regulirungen bilden. Es sind dies der Rückdruck vieler Steuerungen auf den Regulator und die Ungleichförmigkeit der Drehgeschwindigkeit aller Dampfmaschinen, durch die Ungleichförmigkeit der Drehkraft hervorgerufen.

Wie schon oben an Hand der Figur 7 auseinandergesetzt, ändern sich die Reibungsverhältnisse eines schwingenden

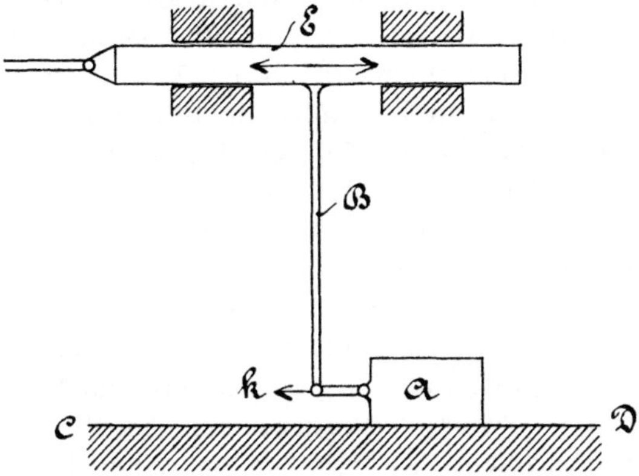

Fig. 19.

Körpers vollständig, wenn zu der schwingenden Bewegung eine fortschreitende Relativbewegung der aufeinander gleitenden Flächen hinzukommt, und zwar so vollständig, dass die Reibung, insoweit sie für Schwingungen in Frage kommt, überhaupt verschwindet. Wir wollen jetzt eine Art Umkehrung dieser Verhältnisse betrachten. Ein Stab E (siehe Fig. 19) wird durch eine äussere Kraft regelmässig hin und her geschoben und ertheilt mittels der Feder B dem Körper A eine hin und her gehende Bewegung. Kommt jetzt eine kleine Kraft k in konstanter Grösse fortwährend nach links wirkend hinzu, so wird diese kleine Kraft, selbst wenn sie allein nicht entfernt im Stande gewesen wäre, die Reibung von A gegen CD zu überwinden, den Mittelpunkt, um welchen A hin und her schwingt, genau so weit nach links verschieben, wie die Durchbiegung der Feder B durch die Kraft k allein betragen würde; denn die Schwingung des Körpers A nach rechts hört in dem Augenblicke auf, wo die algebraische Summe der Feder- und Trägheitskräfte gleich der widerstehenden Reibung ist. Subtrahirt sich nun eine Kraft k von dieser algebraischen Summe, so kommt der Körper in seiner Bewegung nach rechts früher zur Ruhe. Umgekehrt hört die Schwingung nach links durch das Hinzuaddiren der Kraft k später auf. Es verschiebt sich mithin der Schwingungsmittelpunkt nach links so lange, bis die Kräfte nach rechts und links wieder symmetrisch sind, d. h. also um die Durchbiegung der Feder durch die Kraft k. Die Reibung zwischen A und CD hat also auf die endliche Einstellung des Schwingungsmittelpunktes durch k gar keinen Einfluss. Ist die hin und hergehende Bewegung von E nicht gross genug, um durch die bei den Durchbiegungen der Feder B entstehenden Kräfte die Reibung von A zu überwinden, so wird eine konstante zusätzliche Kraft k erst bei einer gewissen Grösse eine Verschiebung von A hervorrufen können; aber diese Grösse ist nicht gleich der der ganzen Reibung von A, sondern nur gleich der Differenz zwischen dieser Reibungskraft und der grössten durch die Schwingungen von E in der Feder hervorgerufenen Kraft. Hat k eine solche Kraft erreicht, so wird sie bei einer Bewegung von E nach derselben Richtung, in der sie selbst wirkt, sich zu der Federkraft von B addiren und eine Verschiebung von A hervorrufen, während bei einer Bewegung von E nach der entgegengesetzten Richtung die Differenz zwischen der Kraft K und der Federkraft von B auftritt und daher keine Rückwärtsbewegung eintritt.

Hat man also die Aufgabe, durch eine möglichst kleine

Kraft k einen Körper A unter Ueberwindung von Reibung zu verschieben, so kann man diese Aufgabe auf die Weise lösen, dass man von irgend einer Kraftquelle aus eine dem Sinne nach periodisch wechselnde Kraft K auf A einwirken lässt und dadurch einen Zustand herbeiführt, bei welchem alle Kräfte k, welche über eine gewisse Grösse hinausgehen, eine Verschiebung von A hervorrufen, und zwar kann man die Forderungen an die Kleinheit von k beliebig stellen: von k gleich der Reibung von A an, indem man $K = 0$ macht, bis $k = 0$, indem man $K \overline{\overline{>}}$ der Reibung von A macht.

Eine solche Aufgabe liegt nun gerade bei den Dampfmaschinen-Regulirungen vor.

Hier gilt es, wenn hohe Anforderungen an die Gleichförmigkeit gestellt werden, einen Unempfindlichkeitsgrad, der praktisch gleich Null ist, zu erreichen, da, wie oben nachgewiesen, die Regulirung fortwährende Schwingungen um mindestens den Betrag der Unempfindlichkeit hervorruft. Ist nun der Unempfindlichkeitsgrad einer Regulirung in dem gebräuchlichen Sinne des Wortes (Widerstand dividirt durch Energie) kleiner als der Ungleichförmigkeitsgrad der Maschine innerhalb jeder Umdrehung, den wir im Folgenden kurz als „Ungleichförmigkeitsgrad des Schwungrades“ bezeichnen wollen, so tanzt der Regulator bei jeder Umdrehung. Sein „effektiver“ Unempfindlichkeitsgrad wird dadurch, wie oben nachgewiesen, gleich Null; die geringste Aenderung der mittleren Geschwindigkeit der Maschine führt zu einer Verstellung der Steuerung. Die direkte Einwirkung des Tanzens des Regulators auf die Steuerung kann leicht, nöthigenfalls durch eine Oelbremse, sehr gering gehalten werden, so dass dadurch keine merkbaren Füllungsschwankungen und daraus wieder Geschwindigkeitsschwankungen entstehen können, wie sich der Verfasser durch Beobachtungen an vielen Maschinen mit den verschiedensten Steuerungssystemen überzeugt hat.

Aehnlich wie die Ungleichförmigkeit des Schwungrades wirkt in der soeben erörterten Beziehung der bei sehr vielen Steuerungen auftretende Rückdruck auf den Regulator. Da der Rückdruck vielfach nur nach einer Richtung wirkt, liegt allerdings zunächst insofern ein Unterschied gegen die oben behandelten Schwingungen vor, als dort die Kraftrichtung wechselt, da aber der Regulator immer statisch ausgeführt wird und daher nach seiner Gleichgewichtsstellung zurückstrebt, wenn er gewaltsam aus ihr herausgeschoben wird, so treten auch hier thatsächlich wechselnde Kräfte auf.

Erschütterungen und kleine Unregelmässigkeiten in der Umdrehung, wie sie z. B. bei Zahnräderantrieb des Regulators unter Umständen auftreten, können auch die effektive Unempfindlichkeit der Regulirung verkleinern.

Es sind viele Konstruktionen ausgeführt, Vorschläge gemacht und Patente genommen, einerseits, um durch eine federnde Verbindung zwischen Regulator und Spindel möglichst konstante Winkelgeschwindigkeit des Regulators zu erzielen, und anderseits, um durch selbstsperrende Theile jeden Rückdruck der Steuerung vom Regulator fernzuhalten. Diese Bestrebungen haben nur dann eine Berechtigung, wenn sie die wechselnden Kräfte nicht alle oder nicht ganz fernhalten, sondern nur die übermässigen. Die wechselnden Kräfte vom Regulator ganz fern zu halten würde nicht eine Verbesserung, sondern eine Verschlechterung der Regulirung bedeuten.

Umgekehrt würde es bei manchen Turbinenregulirungen, wo keine „Ungleichförmigkeit des Schwungrades“ und kein Rückdruck der Steuerung existirt, unzweifelhaft die Regulirung verbessern, wenn man absichtlich, z. B. durch eine hin und hergehende Masse, wechselnde Kräfte in Regulator und Stellzeug hervorrufen würde.

Bei Dampfmaschinensteuerungen, wo der Ungleichförmigkeitsgrad des Schwungrades und der Rückdruck der Steuerung sich mit der Maschinenleistung stark ändern, könnte es sich auf der anderen Seite unter Umständen empfehlen, eine künstliche Reibung zu erzeugen, welche sich angenähert mit der Neigung des Regulators zum Tanzen ändert, so dass das regelmässige Spielen des Regulators bei allen Füllungen nahezu gleich bleibt.

Nimmt die Triebkraft der Kraftmaschine bei gegebener Regulatorstellung mit wachsender Schnelligkeit ab (Turbine), oder hat umgekehrt entweder die Kraftmaschine selbst oder die von ihr angetriebenen Transmissionen und Maschinen einen Widerstand, welcher mit der Geschwindigkeit wächst

(Luftwiderstand, Dynamomaschinen, Centrifugalpumpen, Auspuff der Dampfmaschinen durch lange Heizungsrohre u. s. w.), so tritt, ausser der oben schon erwähnten schwingungsdämpfenden Wirkung solcher Widerstände, noch ein neues Moment ein, welches für Regulatoren, deren Reibung nicht durch Tanzen aufgehoben wird, von Bedeutung ist.

Wächst z. B. der Widerstand mit der 3ten Potenz der Geschwindigkeit und besitzt der Regulator einen Unempfindlichkeitsgrad von $2^0/_0$, so dass die Geschwindigkeit um $\pm$ $1^0/_0$ von der normalen abweichen kann, ehe der Regulator sich bewegt, so kann letzterer so weit von seiner richtigen Stellung stehen, dass die Maschinentriebkraft um ungefähr $3^0/_0$ falsch ist, bevor $1^0/_0$ Geschwindigkeitsänderung entsteht und der Regulator sich zu bewegen anfängt. Unter solchen Umständen kann daher auch ein nichttanzender Regulator mit Reibung einen Beharrungszustand einstellen; aber von einer möglichst vollkommenen Regulirung kann dann keine Rede sein, indem für das hier gewählte Beispiel bei einer Belastungsänderung die Maschinengeschwindigkeit sich unter Umständen um $2^0/_0$ ändern könnte, bevor der Regulator zu verstellen anfängt.

Wir haben bei unseren Untersuchungen bis jetzt die Rolle, welche einerseits die Masse des Regulators und anderseits die Masse des Schwungrades, oder allgemein die rotirende Masse der Maschine spielen, zwar genau berücksichtigt, aber noch nicht besonders hervorgehoben; diese Rolle ist jedoch so wichtig, dass wir etwas näher darauf eingehen müssen.

Kombinirt man zwei isochrone geradlinige Sinusschwingungen, deren Schwingungsrichtungen senkrecht zu einander stehen, wie es bei den bekannten Lissajous'schen Versuchen mit senkrecht zu einander gestellten Stimmgabeln ausgeführt wird, so erhält man als Bahn des schwingenden Punktes eine schräge gerade Linie A C (Fig. 20), wenn die Schwingungen den Phasenunterschied Null oder 180° haben, wenn sie also gleichzeitig die mittlere Stellung passiren. Entsteht ein Phasenunterschied in dem Sinne, dass die senkrechte Schwingung voraneilt, früher durch die Mittelstellung passirt als die wagerechte, so erhält man als Bahn des schwingenden Punktes eine Ellipse, welche in der Richtung A_1 B_1 C_1 D_1

durchlaufen wird. Entsteht umgekehrt ein negativer Phasenunterschied, ein Nacheilen der senkrechten Schwingung, so erhält man eine ähnliche Ellipse, welche aber in der Richtung $A_1\ D_1\ C_1\ B_1$ durchlaufen wird. Bei 90^0 Vor- und Nacheilen

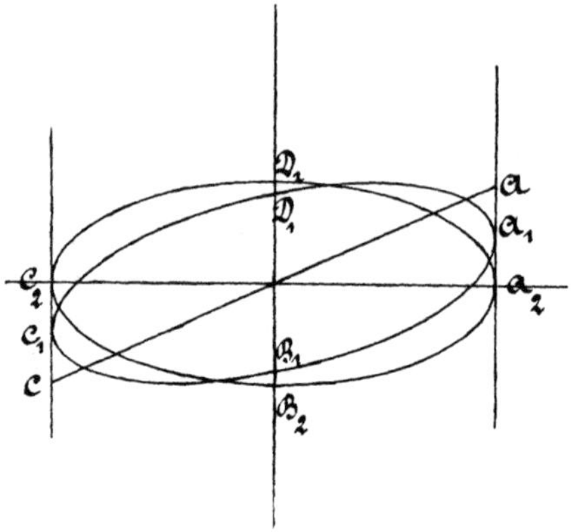

Fig. 20.

liegen die Hauptaxen der Ellipse wagerecht und senkrecht, wie gleichfalls in der Figur dargestellt ($A_2\ B_2\ C_2\ D_2$).

Vergleichen wir nun hiermit die Einzelschwingungen, in welche sich die Schwingungen eines widerstandslosen Regulators auflösen lassen, so sehen wir, dass die „Triebkraft durch falsche Stellung", welche, wie oben erörtert, eine genaue Sinusschwingung und im „Relativdiagramm" eine gerade Linie ergiebt, eine Phasenverschiebung Null gegen die Schwungradschwingung besitzt, wenn diese Triebkraft *allein* am Regulator wirkt, und in Verbindung mit anderen Kräften *keine Neigung zu einer Phasenverschiebung vorwärts oder rückwärts besitzt*, sondern immer die Phase der gesammten, aus Einzelschwingungen zusammengesetzten, Regulatorschwingung annimmt, indem die „Triebkraft durch falsche Stellung" ihr Maximum erreicht, wenn die Regulatorschwingung in ihrem Todtpunkte ist, und durch Null geht, wenn der Regulator durch seine Mittelstellung geht. Die „Triebkraft durch falsche Geschwindigkeit" dagegen besitzt immer eine Phasennacheilung[1]) um 90^0 gegen die Schwung-

[1]) Auf anderen Gebieten, z. B. in der Wechselstromtechnik, ist der Ausdruck „Phasenverzögerung" gebräuchlich. Um Missverständnissen vor-

radschwingung, indem sie in dem Todtpunkte der letzteren Null wird und in der Mitte der Schwungradsschwingung ihr Maximum erreicht. Da letztere Schwingung nicht vollständig symmetrisch ist und nicht konstant bleibt, sondern gerade in allen praktisch wichtigen Fällen, wo das Regulirungsdiagramm eine Fläche einschliesst, sich fortwährend ändert, so kann man eigentlich nicht von einer Phasennacheilung um genau 90^0 sprechen; da aber alle hier in Frage kommenden Schwingungen doch immer ihre grösste Geschwindigkeit in der Mittte besitzen, so behalten wir den kurzen Ausdruck „Phasennacheilung um 90^0" bei, um die Thatsache zu bezeichnen, dass die „Triebkraft durch falsche Geschwindigkeit" ihr Maximum ungefähr um $^1/_4$ Schwingungsperiode nach dem todten Punkte der Schwungradschwingung erreicht.

Die Schwingung infolge der „Triebkraft durch falsche Stellung" hat also keine ihr eigenthümliche Phase, sondern kann, wie die Schwingung einer Feder, jede Phase mit gleicher Leichtigkeit annehmen. Wenn sie durch Anstoss von aussen entsteht, wie wir es in unseren Betrachtungen angenommen haben (durch plötzliches Verschieben der Regulatorhülse), so besitzt sie im Anfang diejenige Phase, welche ihr durch den Zeitpunkt des plötzlichen Anstosses vorgeschrieben wird, also unter den Voraussetzungen, welche wir für die Regulirungsdiagramme gemacht haben, immer dieselbe Phase wie die Schwungradschwingung, und wird erst im Laufe der Schwingung durch die anderen Schwingungskräfte („Triebkraft durch falsche Geschwindigkeit"), welche, im Gegensatz zu den in Bezug auf Phase ganz neutralen „Triebkräften durch falsche Stellung", ausgeprägte phasenbestimmenden Eigenschaften haben, beeinflusst.

---

zubeugen, haben wir es aber für besser gehalten, die Ausdrücke „Phasennacheilung" und „Phasenvoreilung" anzuwenden, da man in der Wissenschaft sonst ganz allgemein unter „Verzögerung" und „Beschleunigung" Geschwindigkeits-Aenderungen versteht, während andererseits in der technischen Wissenschaft für die Phasenunterschiede auf dem ganz analogen Gebiete der Steuerungen die korrekteren Ausdrücke „Nacheilung" und „Voreilung" schon allgemein im Gebrauch sind, und man z. B. bei einer Uhr scharf zu unterscheiden hat, ob sie zu schnell, oder ob sie nur vor geht.

Wir werden später auf die einzelnen wichtigeren Fälle auch der Regulirung mit Widerstand näher eingehen; so viel ist aber schon aus allgemeinen Gründen klar, dass ein Regulirungsdiagramm wie in Fig. 21 angedeutet, welches in eine Spitze ausläuft, nur durch zufällig zusammentreffende Umstände entstehen könnte; denn die Wahrscheinlichkeit dafür, dass die Schwingungen des Schwungrades und des Regulators beide genau im selben Augenblick zum Stillstand kommen, ist verschwindend klein, und die geringste Aenderung der Verhältnisse würde die Spitze beseitigen. Wir haben schon einen Fall betrachtet (Fig. 13), wo das Diagramm in eine Spitze ausläuft, und wir werden später noch andere Fälle kennen lernen; aber das sind alles Grenzfälle, welche keine praktische Bedeutung haben, und wo die Bildung einer Spitze mit dem Verschwinden einer Diagrammfläche zusammenfällt. Als praktisch wichtige Fälle haben wir es also immer mit Diagrammen zu thun, welche an den Enden senkrechte

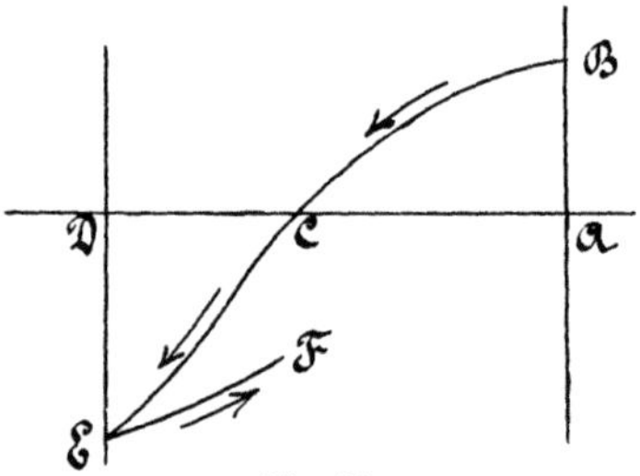

Fig. 21.

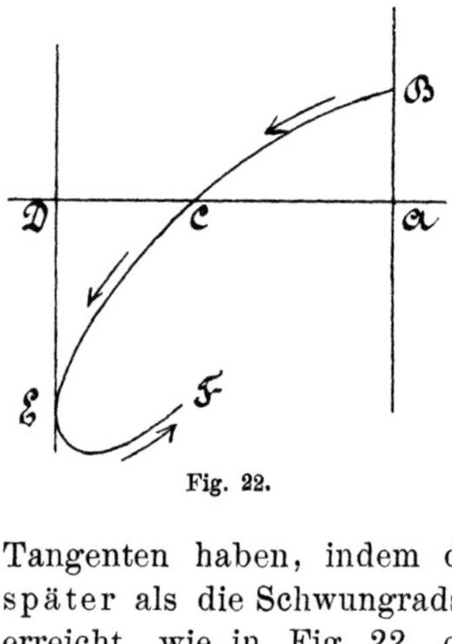

Fig. 22.

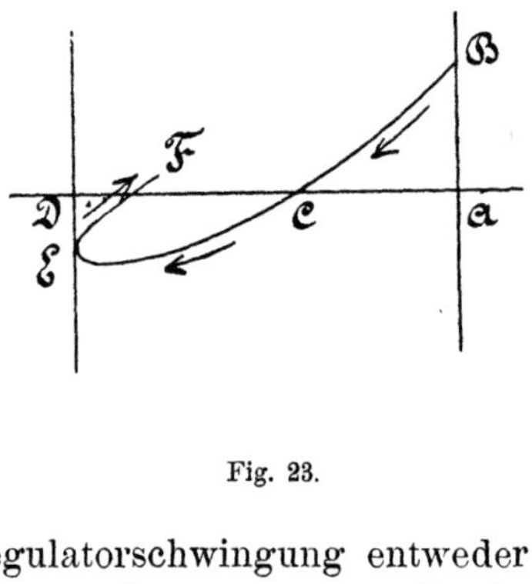

Fig. 23.

Tangenten haben, indem die Regulatorschwingung entweder später als die Schwungradschwingung ihren äussersten Punkt erreicht, wie in Fig. 22, oder früher, wie in Fig. 23 angedeutet. Wir können daher das für genaue Sinusschwingungen gültige Gesetz allgemein auf alle Regulirungsdiagramme anwenden.

Jede Phasen**nacheilung** der Regulatorschwingung gegen die Schwungradschwingung ergiebt eine **positive** Diagrammfläche, also eine **unbrauchbare** Regulirung, und nur eine Phasen**voreilung** der Regulatorschwingung gegen die Schwungradschwingung, ergiebt eine **negative** Diagrammfläche, also eine **brauchbare** Regulirung.

Wie nun einerseits die Massen des Regulators, anderseits die Masse des Schwungrades auf die Phasenverschiebung der Regulatorschwingungen einwirken, ist leicht aus dem Schwingungsdiagramm zu ersehen. Man könnte auf den ersten Blick eine ungünstige Wirkung der Regulatormassen als selbstverständlich betrachten und durch die Thatsache für genügend erklärt halten, dass die Wirkung des Regulators um so mehr verzögert wird, er um so später nachkommt, je grössere Massen er zu beschleunigen hat. Dass dies aber durchaus nicht ein genügender Beweis ist, zeigt sich bald bei näherer Untersuchung. Wird die Schwingungszeit des Regulators vergrössert, so wird auch die Schwingungszeit des Schwungrades vergrössert, es ist also nicht a priori anzunehmen, dass eine Phasennacheilung der einen Schwingung relativ zur anderen entstehen muss. Wie wir später sehen werden, giebt es nicht nur viele Verzögerungen der Regulatorbewegung, welche günstig wirken, sondern es sind bis jetzt überhaupt keine anderen Mittel bekannt, um aus einer unbrauchbaren, widerstandslosen Regulirung eine brauchbare zu machen, als eben Verzögerungen der Regulatorbewegung.

Man kann sich auch nicht ohne weiteres mit der Erklärung begnügen, dass durch Vergrösserung der Regulatormassen das sogenannte Ueberreguliren hervorgerufen wird, indem der Regulator mit grösserer lebendiger Kraft an das Ziel gelangt und deshalb darüber hinausschiesst. Denn es ist nicht unmittelbar klar, warum eine grössere Trägheit des Regulators gerade eine grössere lebendige Kraft hervorrufen sollte; und wäre nur die „Triebkraft durch falsche Stellung“ vorhanden, so wäre die Grösse der Regulatormasse in dieser

Beziehung vollständig ohne Einfluss; das Diagramm bleibt im letzteren Falle bei grosser wie bei kleiner Masse eine gerade Linie ohne eingeschlossene Diagrammfläche. Es dreht sich also alles um die Frage, ob sich das Verhältniss zwischen „Triebkraft durch falsche Stellung" und „Triebkraft durch falsche Geschwindigkeit" bei Vergrösserung der Regulatormassen ändert, und dies ist allerdings, wie leicht ersichtlich, der Fall. Stellt in Fig. 24 BC_1 die Regulirungskurve eines

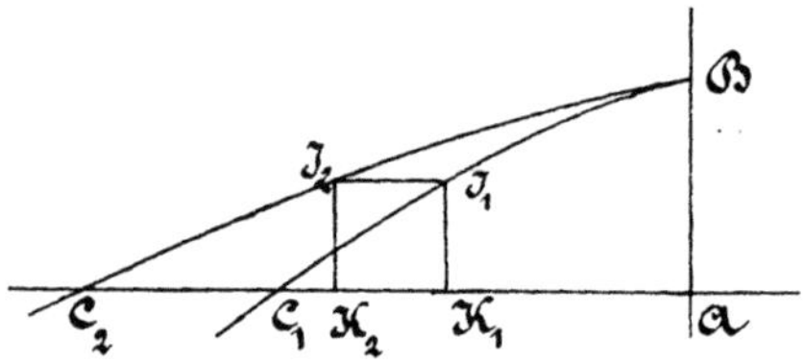

Fig. 24.

beliebigen Regulators dar, nachdem dessen Hülse in der oft beschriebenen Weise plötzlich um die Strecke AB in die Höhe geschoben und losgelassen ist, und BC_2 die entsprechende Kurve desselben Regulators, nachdem dessen Massen vergrössert worden sind, so sieht man, dass bei J_1 und J_2 die „Triebkraft durch falsche Stellung" dieselbe ist, während die „Triebkraft durch falsche Geschwindigkeit" bei J_2 im selben Verhältniss grösser als bei J_1 ist, wie die Fläche ABJ_2K_2 grösser als die Fläche ABJ_1K_1 ist. Die „Triebkraft durch falsche Geschwindigkeit", welche eine Phasennacheilung um 90^0 besitzt, ist also im Verhältniss zur „Triebkraft durch falsche Stellung" gewachsen, es ist mithin im ganzen eine Phasennacheilung entstanden.

Die Vortheile der Federregulatoren gegenüber den Gewichtsregulatoren gehen hieraus hervor; je kleiner die Massen eines Regulators, desto kleiner die Phasennacheilung seiner Schwingungen gegen die Schwungradschwingungen; desto leichter gelingt es, durch später zu behandelnde Mittel, negative Diagrammflächen hervorzurufen, und desto schneller kommt der Regulator nach einer Gleichgewichtsstörung zur Ruhe, oder umgekehrt: desto näher an das Ideal, die Astasie, darf man den Regulator bringen, ohne fortwährende Schwingungen befürchten zu müssen.

Eine Vergrösserung der Schwungradmasse hat genau dieselbe Wirkung wie die Verkleinerung der Regulatormassen. Man kann also statt der Regulirungskurve $B C_2$ (Fig. 24) die günstigere Kurve $B C_1$ ebenso gut durch Vergrösserung der Schwungradmasse, als durch Verkleinerung der Regulatormasse hervorrufen.

Die Vergrösserung der „Triebkraft durch falsche Geschwindigkeit" im Verhältniss zur „Triebkraft durch falsche Stellung" durch Vergrösserung der Regulatormassen oder durch Verkleinerung der Schwungradmasse zeigt sich in den Gleichungen (5) und (7) durch Vergrösserung des Koefficienten b im Verhältniss zum Koefficienten a.

Eine Grundursache der Phasennacheilung der Regulatorschwingungen gegen die Schwungradschwingungen, wodurch positive Diagrammflächen hervorgerufen und die Regulirung unbrauchbar wird, ist also die Masse des Regulators.

Aber selbst mit Masse würde, wie schon gezeigt, ein widerstandsloser Regulator noch an der Grenze der Brauchbarkeit sein, wenn nur die „Triebkraft durch falsche Stellung" und keine „Triebkraft durch falsche Geschwindigkeit" existirte. Will man eine Regulirung brauchbar machen, so muss man den Wirkungen dieser beiden Ursachen, die sich selbst nicht beseitigen lassen, möglichst entgegenarbeiten. Durch beliebige Widerstände dämpfen zu wollen, führt, wie die Untersuchung der Wirkung der Reibung zeigte, zu nichts. Die Wirkung der Masse kann man natürlich verkleinern, indem man den Regulator im Verhältniss zu seiner Energie mit möglichst kleinen Massen konstruirt, wie es z. B. bei den Federregulatoren das ausgesprochene Ziel ist, und die Wirkung der „Triebkraft durch falsche Geschwindigkeit" kann man dadurch verkleinern, dass man den Regulator möglichst statisch macht und das Schwungrad möglichst schwer. Aber das Verkleinern der positiven Diagrammfläche gegen den Grenzwerth Null genügt nach dem Obigen noch nicht, es ist vielmehr nothwendig, eine negative Diagrammfläche hervorzurufen.

Um nun die Mittel zur Erzeugung solcher negativer Diagrammflächen ausfindig zu machen, wollen wir die Wirkung der „Triebkraft durch falsche Geschwindigkeit" noch etwas näher, als schon oben geschehen, betrachten. Wäre der Regulator „absolut statisch“, existirte also nur die „Triebkraft durch falche Stellung“, so wäre das Regulirungsdiagramm bei widerstandsloser Bewegung durch die gerade Linie B C E (Fig. 25) dargestellt. Tritt jetzt eine unendlich

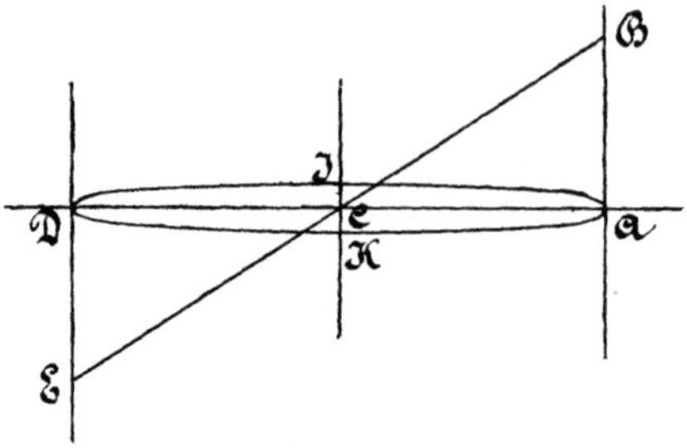

Fig 25.

kleine „Triebkraft durch falsche Geschwindigkeit“ hinzu, so würde die Kurve dieser Kraft allein (Ordinaten Kraft am Regulator, Abscissen Relativweg des Schwungrades) eine Ellipse mit wagerechter und senkrechter Axe sein, indem die Geschwindigkeiten der Sinusschwingung B C E durch eine solche Ellipse dargestellt werden und die „Triebkraft durch falsche Geschwindigkeit“ diesen Geschwindigkeiten proportional ist, wenn sie, wie vorausgesetzt, unendlich klein ist, so dass die kombinirte Schwingung nur unendlich wenig von einer Sinusschwingung abweicht.

Wäre die soeben genannte Kraft allein vorhanden, so würde sie eine Sinusschwingung des Regulators hervorrufen, welche mit der ersten isochron ist, aber um 90° gegen diese nacheilt. Beide Schwingungen zusammen geben, wie schon früher erörtert, als Regulirungsdiagramm eine schrägliegende Ellipse mit positiver Diagrammfläche. Um den schädlichen Einfluss der soeben vorausgesetzten unendlich kleinen „Triebkraft durch falsche Geschwindigkeit“ aufzuheben, liegt es nun nahe, eine Kraft am Regulator wirken zu lassen, welche in jedem Augenblicke dieser Triebkraft gleich, aber entgegengesetzt ist. Die Wirkung der ersteren würde dann vollständig verschwinden und die reine Sinusschwingung des Regulators infolge der „Triebkraft durch falsche Stellung“ übrig bleiben. Addirt sich nun zu der ersten unendlich kleinen Kraft eine zweite und dritte... derselben Art, so kann auch sie sofort wieder durch eine gleich grosse Gegenkraft aufgehoben werden, mit anderen Worten, auch bei einer beliebig grossen endlichen „Triebkraft durch falsche Geschwindigkeit“ kann man durch eine gleich grosse entgegengesetzt wirkende Kraft die schädliche Wirkung aufheben und die schräge gerade Linie als Diagrammkurve erhalten. Da nun aber die „Triebkraft durch falsche Geschwindigkeit“, b . v, proportional der wagerechten Geschwindigkeit v im Diagramm und diese bei dem geradlinigen Schwingungsdiagramm wieder der senkrechten, also der Regulatorhülsengeschwindigkeit proportional ist, so haben wir mithin die Aufgabe, eine Kraft zu finden, welche der Regulatorhülsengeschwindigkeit proportional ist und der Hülsenbewegung entgegen, mithin als Widerstand, wirkt.

Wenn nun aber dieser variable Widerstand, indem er eine Phasenvoreilung um 90^0 bewirkt, die gleich grosse Phasennacheilung der „Triebkraft durch falsche Geschwindigkeit“ aufhebt, so liegt es nahe, diesen Widerstand noch zu vergrössern und das übrig gebliebene Diagramm der „Triebkraft durch falsche Stellung“, welches als gerade Linie mit der Diagrammfläche Null praktisch kaum brauchbar ist, durch diese weitere Phasenverschiebung vorwärts in ein Diagramm mit negativer Fläche zu verwandeln und dadurch eine starke Schwingungsdämpfung zu erreichen.

Wir sind hier zum erstenmal im Laufe unserer Untersuchung auf Kräfte gestossen, welche im Stande sind, negative Diagrammflächen hervorzurufen, und dadurch die Regulirung brauchbar zu machen. Es ist aber ganz allgemein klar, dass eine Sekundärschwingung, die von Kräften hervorgerufen wird, welche mit der Geschwindigkeit der Hauptschwingung zu und abnehmen, gegen diese Hauptschwingung eine Phasennacheilung von rund 90^0 aufweist, wenn die Kräfte dieselbe Richtung wie die Bewegung der Hauptschwingung haben, und eine Phasennacheilung von rund 270^0, oder, was dasselbe besagt, eine Phasenvoreilung um 90^0 aufweisen, wenn die Kräfte den Bewegungen der Hauptschwingung entgegenwirken, d. h. als Widerstand auftreten. Es folgt dies ohne weiteres aus der Thatsache, dass die Geschwindigkeit einer Schwingung immer nach einem periodischen Gesetz verläuft mit derselben Periode, wie die der Schwingung selbst, und mit einer Phasenverschiebung von $^1/_4$ Periode gegen die analogen Punkte (z. B. Maximum, Null) der Schwingung selbst.

Bevor wir die verschiedenen Methoden untersuchen, nach welchen dies bei Regulirungen praktisch erreicht werden kann, wollen wir aber noch die Rolle der Regulatormasse etwas weiter verfolgen.

Hat eine Masse m die senkrechte Geschwindigkeit u nach oben, und wirkt plötzlich eine Kraft p nach unten darauf ein, so kommt die Masse erst nach der Zeit $t = \frac{m \cdot u}{p}$ zum Stillstand und fängt dann erst diejenige Bewegung in Richtung der Kraft p an, welche der Körper ohne Masse sofort ausgeführt haben würde. Die für die Regulirung ungünstige, phasenverzögernde Eigenschaft der Masse wächst also nicht nur proportional der Masse, sondern auch proportional deren Geschwindigkeit.

Als Mittel, um eine Regulirung brauchbar zu machen, hat man also nicht nur die Verkleinerung der Regulatormasse, sondern auch die Verkleinerung von deren Geschwindigkeit. Dies kann einerseits durch Vergrösserung der Schwungradmasse geschehen, anderseits (ausser durch Oelbremsen und ähnliche Mittel) durch periodische Vernichtung der Geschwindigkeit der Regulatorhülse, so dass sie zu keiner störenden Höhe anwachsen kann. Durch Verkleinerung der Regulatormassen und Vergrösserung der Schwungradmasse kann man, wie schon früher bemerkt, nur die positiven Diagrammflächen verkleinern, nie aber dieselben in negative Flächen verwandeln. Durch periodische Vernichtung der Massengeschwindigkeit hingegen kann man das viel durchgreifendere Ergebniss erreichen, dass die Diagrammflächen negativ werden.

Da, wie oben gezeigt, als Mass für die phasenverschiebende Eigenschaft einer Masse die Bewegungsgrösse m . u verwendbar ist und hierin die beiden Faktoren m und u vollständig gleichberechtigt sind, so erscheint es im ersten Augenblick als ein Widerspruch, dass man durch Beeinflussung von u viel durchgreifendere Ergebnisse für die Regulirung erzielt, als durch Beeinflussung von m. Diejenige Eigenthümlichkeit der Masse, welche sie bei Regulirungen so störend hervortreten lässt, ist die Eigenschaft, die sofortige Wirkung einer Kraft mehr oder weniger zu verhindern, sie aufzuspeichern und später, zu einer ungelegenen Zeit, hervortreten zu lassen. Man hat es also mit einer Integralwirkung zu thun; m steht als Konstante vor dem Integral und kann nur die absolute Grösse, aber nicht den Charakter des Ganzen ändern, da sie nie Null werden kann; u dagegen, welche die variable Grösse unter dem Integral darstellt, kann beliebig oft Null werden während jeder Schwingungsperiode und dadurch den ganzen Charakter des Integrals ändern. Man übersieht dies leicht, wenn man bedenkt, dass der Weg, welchen die Regulatorhülse zwischen zwei Geschwindigkeitsvernichtungen zurücklegt, der augenblicklichen Triebkraft am Regulator proportional ist, wie aus der Formel für gleichförmig beschleunigte Bewegung direkt zu ersehen ist:

$$\text{Weg} = \tfrac{1}{2} \frac{\text{Kraft}}{\text{Masse}} \cdot \text{Zeit}^2.$$

Die Geschwindigkeit, mit welcher der Regulator sich ruckweise bewegt, ist also der Triebkraft direkt proportional. Denkt man sich der Einfachheit halber das periodische Festhalten so häufig, dass die ruckweise Bewegung angenähert als eine kontinuirliche erscheint, so erhält man genau dieselbe Bewegung, als wenn die Masse des Regulators Null wäre und zu den Triebkräften noch Widerstände hinzutreten, welche der Hülsengeschwindigkeit proportional und infolge der unendlich kleinen Masse auch den Triebkräften gleich sind.

Die beiden Mittel, um Regulirungen brauchbar zu machen:

α) Phasenverschiebung vorwärts durch Hinzufügen eines Widerstandes, welcher proportional der Regulatorhülsengeschwindigkeit ist, und

β) periodische Vernichtung der Hülsengeschwindigkeit

finden sich in der Praxis oft gleichzeitig angewendet; wir werden sie daher gemeinsam behandeln.

Bei der nicht entlasteten Ridersteuerung hat der Regulator einen vom Dampfdruck angepressten Expansionsschieber zu verdrehen. Dass dies überhaupt möglich ist, dass die auf den Schieberradius reducirte verdrehende Kraft r (siehe Fig. 26) ausreicht, einen Schieber zu verdrehen, zu dessen Längs-Verschiebung die viel grössere, in der Schieberstange wirkende Kraft ϱ erforderlich ist, beruht darauf, dass ϱ und r gleichzeitig auf den Schieber wirken, so dass die Resultirende R bei noch so kleinem r grösser als ϱ ist und daher mit Leichtigkeit den Schieber in ihrer Richtung bewegt. Der Weg, welchen der Schieber in der Richtung von r in einer gegebenen Zeit zurücklegt, verhält sich zu dem Wege, welchen derselbe in der Richtung von ϱ zurücklegt, wie $r:\varrho$. In den Todtpunkten der Schieberbewegung hört daher auch die Seitenbewegung auf, so dass die „relative" Regulirungsdiagrammkurve wie in Fig. 27 angedeutet, eine Reihe von Stufen aufweisen wird.

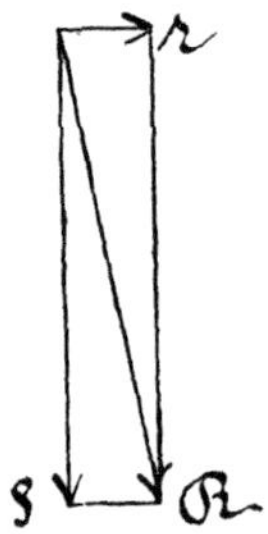

Fig. 26.

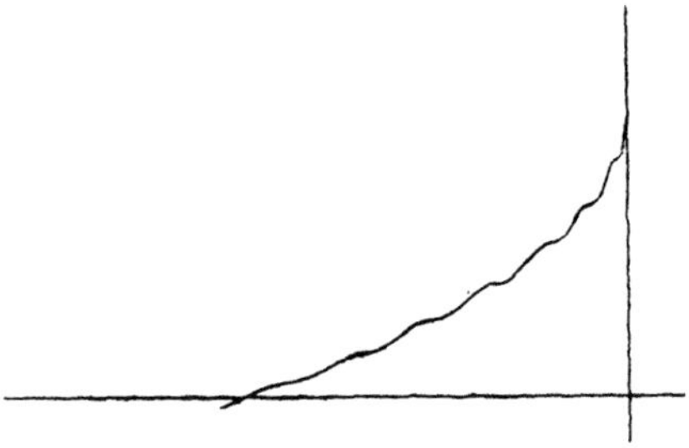
Fig. 27.

Auch die Stopfbüchsenreibung der Expansionsschieberstange verhält sich den Regulatorkräften gegenüber wie die Schieberreibung, nur dass für die Stopfbüchse die absolute Schieberbewegung in Frage kommt, während für die Schieberreibung die Relativbewegung zwischen Grundschieber und Expansionsschieber massgebend ist. Nun treten die Todtpunkte der absoluten Schieberbewegung zu anderen Zeitpunkten auf, als die der Relativbewegung. Wenn daher die Stopfbüchsenreibung grösser als die augenblicklich wirkende Regulatorkraft r ist, so kommt der Regulator bei jeder Maschinenumdrehung viermal zur Ruhe und muss viermal wieder von der Geschwindigkeit Null aus beschleunigt werden. Der Weg, welchen der Schieber innerhalb einer Bewegungsperiode in der Richtung von r zurücklegt, ist proportional der Kraft, welche der Regulator ausübt, auch wenn man die Masse des Regulators, des Stellzeuges und des Schiebers mit berücksichtigt. Da nun die Kurve in Fig. 27, wenn die einzelnen Treppenstufen nicht gar zu lang im Verhältniss zur ganzen Schwingungsperiode sind, und es sich nur um die Frage nach einer Schwingungszunahme oder Schwingungsdämpfung handelt, kein anderes Gesammtresultat ergiebt als eine Kurve mit unendlich vielen unendlich kleinen Stufen, d. h. eine glatte Kurve, so hat man für die „relative" Diagrammkurve (siehe Fig. 28):

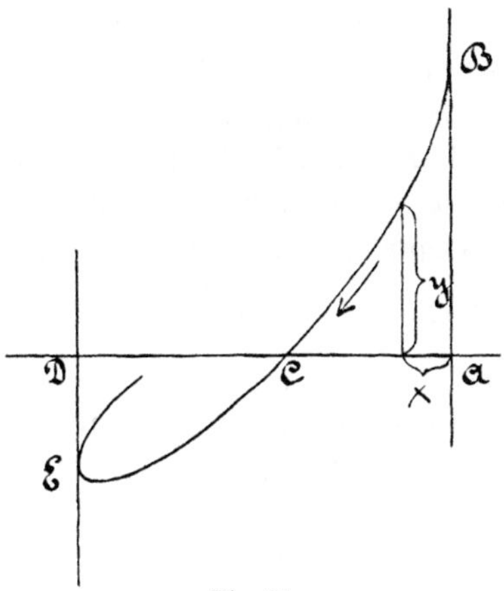

Fig. 28.

$$\frac{dy}{dt} = -a \cdot y + b \cdot v \quad . \; . \; . \; . \; . \quad (8)$$

und

$$\frac{dx}{dt} = v \quad . \; . \; . \; . \; . \; . \; . \quad (9)$$

wo a und b Konstante und v die wagerechte Geschwindigkeit im Diagramm. Mithin

$$\underline{\frac{dy}{dx} = -\frac{a \cdot y}{v} + b} \quad . \; . \; . \; . \quad (10)$$

$\frac{dy}{dt}$ stellt die Hülsengeschwindigkeit des Regulators dar; Gleichung (8) sagt also aus, dass diese Geschwindigkeit proportional der Triebkraft am Regulator ist. Da nun, wie oben auseinandergesetzt, bei der Ridersteuerung die lebendige Kraft des Regulators immer wieder vernichtet wird, so ist bei dieser Regulirung Kraft gleich Widerstand. Gleichung (8) drückt daher auch aus, dass an der Regulatorhülse fortwährend ein Widerstand wirkt, welcher der Hülsengeschwindigkeit proportional ist. Wir sehen also bei der Ridersteuerung die beiden oben angeführten Mittel zur Erzeugung negativer Diagrammflächen angewendet, nämlich

α) Phasenverschiebung vorwärts durch Hinzufügen eines Widerstandes, welcher der Regulatorhülsengeschwindigkeit proportional ist, und

β) periodische Vernichtung der Hülsengeschwindigkeit.

Wie unmittelbar aus Gleichung (10) zu ersehen, ist für alle Werthe von $a > 0$ und $b > 0$, also für alle statischen Regulatoren, die Diagrammkurve zunächst konvex nach unten; denn das veränderliche Glied $a\frac{y}{v}$, in welchem v während des ganzen Links-Ausschwingens, y dagegen erst nach dem Durchgang durch die x-Axe negativ ist, nimmt beständig ab bis zu dem Punkte, für den $a\frac{y}{v} = b$, mithin $\frac{dy}{dx} = 0$ ist, wo also die Hülse ihre tiefste Stellung erreicht und die Kurve eine wagerechte Tangente besitzt. In den beiden Endpunkten der Kurve ist die Tangente senkrecht, und zwar ist in B (siehe Fig. 28) $\frac{dy}{dx} = +\infty$ und in E $\frac{dy}{dx} = -\infty$. In Fig. 28 ist für einen statischen Regulator die Kurve nach Gleichung (10) genau konstruirt.

Für den Grenzfall, dass der Regulator astatisch ist, lautet die Gleichung (10):

$$\frac{dy}{dx} = b \quad \ldots\ldots\ldots \quad (10a)$$

Die Regulirungskurve geht mithin in diesem Falle in eine gerade Linie über, wie in Fig. 13 dargestellt, und schliesst die Diagrammfläche Null ein. Eine Ridersteuerung sollte also selbst mit einem fast astatischen Regulator bei konstanter Belastung der Maschine frei von Schwingungen sein, wenn nicht andere Unvollkommenheiten vorhanden sind.

Ueber den Nachtheil, welcher durch die verlangsamte Einwirkung des Regulators bei plötzlichen Belastungsänderungen entsteht, werden wir später im allgemeinen sprechen. Aber eine Unvollkommenheit fast aller Ridersteuerungen, welche auch bei konstanter Maschinenbelastung die Schwingungsfreiheit unter Umständen in Frage stellt, mag hier gleich erwähnt werden.

Ausser den Reibungen im Regulator hat die Regulirung einer Ridersteuerung noch eine sehr bedeutende Reibung, welche nicht wie die Schieber- und Stopfbüchsen-Reibung durch eine Eigenbewegung senkrecht zur Regulirbewegung gewissermassen aufgehoben wird, das ist die Reibung im Drehgelenke der Schieberstange. Dieses Drehgelenk muss die ganze Kraft zur Bewegung des Schiebers aufnehmen und hat immer einen verhältnissmässig grossen Reibungsradius, so dass eine bedeutende Regulatorkraft zur Ueberwindung der Reibung desselben nothwendig ist. Wenn der Regulator nicht sehr energisch und sehr empfindlich ist, so dass die Ungleichförmigkeit des Schwungrades genügt, um ausser den Eigenreibungen des Regulators auch diejenige des Drehgelenkes zu überwinden, so wird die Maschine, wie schon früher auseinandergesetzt, bei konstanter Belastung fortwährende Geschwindigkeits-Schwankungen ausführen, indem jedesmal die Umdrehungszahl sich so lange ändert, bis die Reibungen überwunden sind und der jetzt mit einem kleinen Rucke sich bewegende Regulator durch die Wirkung der Massen und den Unterschied zwischen Reibung der Ruhe und Reibung der Bewegung immer etwas zu weit geht. Diese Unvollkommenheit der Ridersteuerung würde wegfallen, wenn sich der Schieberstangenkopf zwischen gehärteten Stahlspitzen drehte.

Als typisches Beispiel für die günstige Wirkung des periodischen Festhaltens der Regulatorhülse ohne Zuhülfenahme eines besonderen mit der Hülsengeschwindigkeit wachsenden Widerstandes können die Corliss- oder Ventilsteuerungen, welche durch einen nicht rückläufigen Keil oder ein anderes selbstsperrendes Organ einen Rückdruck der Steuerung auf den Regulator verhindern, dienen. Zweimal während jeder Maschinenumdrehung wird der Regulator von der Steuerung festgehalten, und während zweier Freiperioden kann er verstellen. Zweimal wird also die lebendige Kraft des Regulators vernichtet, und zweimal muss derselbe sich von der Geschwindigkeit Null aus beschleunigen. Der während einer Freiperiode zurückgelegte Weg des Regulators ist, wie oben nachgewiesen, der Regulatorkraft proportional; die Gleichungen und Regulirungsdiagramme für Ridersteuerungen gelten also auch für rückdruckfreie Corliss- und Ventil-Steuerungen.

Um die Vortheile des periodischen Festhaltens des Regulators auch bei Turbinregulirungen zu erreichen, haben Voith, Pfarr und Budau ein besonderes Hemmwerk konstruirt, D.R.P. 69179. (Zeitschrift des Vereins deutscher Ingenieure 1896, S. 1008.)

Eine ähnliche Wirkung wie die Ridersteuerung in Bezug auf Phasenverschiebung durch Widerstand, aber ohne deren periodische Vernichtung der lebendigen Kraft des Regulators, hat auch eine Oelbremse. Zwar wächst der Widerstand derselben nicht immer genau proportional mit der ersten Potenz der Hülsengeschwindigkeit, da er aber eine Funktion der Regulatorhülsengeschwindigkeit ist, so ertheilt er, wie oben auseinandergesetzt, den Regulatorschwingungen eine Phasenverschiebung vorwärts, kann also die umgekehrte Phasenverschiebung, welche von der Masse und von der „Triebkraft durch falsche Geschwindigkeit“ herrührt, vernichten und, wenn man nur die Bremskraft gross genug macht, eine Phasenverschiebung vorwärts über die Phase der Schwungradschwingung hinaus, also eine *negative* Diagrammfläche, hervorrufen. Zur Feststellung der Grenzen, bis zu welchen die Oelbremse eine Regulirung noch brauchbar machen kann, können wir eine ähnliche Rechnung wie für die Ridersteuerung ausführen.

Für das „Relativdiagramm“ hat man:

$$\left(\frac{dy}{dt}\right)^n = -a \cdot y + b \cdot v \quad . \quad . \quad . \quad . \quad (11)$$

und

$$\frac{dx}{dt} = v \quad . \quad . \quad . \quad . \quad . \quad . \quad . \quad . \quad (12)$$

worin a und b Konstante, n eine Konstante[1]) und v die jeweilige wagerechte Geschwindigkeit im Diagramm ist.

Man hat mithin:

$$\frac{dy}{dx} = \frac{(-a \cdot y + b \cdot v)^{\frac{1}{n}}}{v} \quad \ldots \ldots \quad (13)$$

oder

$$\frac{dy}{dx} = \left(\frac{-a \cdot y}{v^n} + \frac{b}{v^{n-1}}\right)^{\frac{1}{n}} \quad \ldots \quad (14)$$

Diese Gleichungen gelten nur für den Grenzfall, dass das Schwungrad so schwer und die Oelbremse so scharf angezogen, dass die Massenkräfte durch Beschleunigung und Verzögerung des Regulators gegenüber der „Triebkraft durch falsche Stellung“ und der „Triebkraft durch falsche Geschwindigkeit“ vernachlässigt werden können. Wir haben uns ferner, um die ganzen Vorgänge in einer Gleichung ausdrücken zu können, erlaubt, abweichend von der gewöhnlichen Zeichensprache der Mathematik, mit dem Ausdrucke $(-ay + bv)^{\frac{1}{n}}$ die $\frac{1}{n}$te Potenz des Zahlenwerthes der Klammer $(-ay + bv)$ zu bezeichnen, während das sich jedesmal ergebende Vorzeichen des Werthes $(-ay + bv)$ auch als Vorzeichen für $(-ay + bv)^{\frac{1}{n}}$ zu nehmen ist.

Wie man aus Gleichung (14) sieht, ist auch in diesem Falle die Schwingungskurve für statische Regulatoren, also so lange a positiv ist, nach unten konvex gekrümmt. In den beiden Endpunkten der Kurve ist wieder die Tangente senkrecht, da hier v gleich Null ist, also $\frac{dy}{dx} = \pm \infty$. Die Kurve verläuft also wie in Fig. 28, oder auch wie in Fig. 29 an-

[1]) Der Verfasser fand bei einem Versuche, welcher allerdings auf Genauigkeit keinen Anspruch erhebt, n = 1; es wird aber der Werth von n von Konstruktion und Dimensionen der Bremse und von der Art der Flüssigkeit etwas abhängen.

gedeutet, die Diagrammfläche ist negativ und die Regulirung brauchbar. Für einen astatischen Regulator ist $a = 0$, also

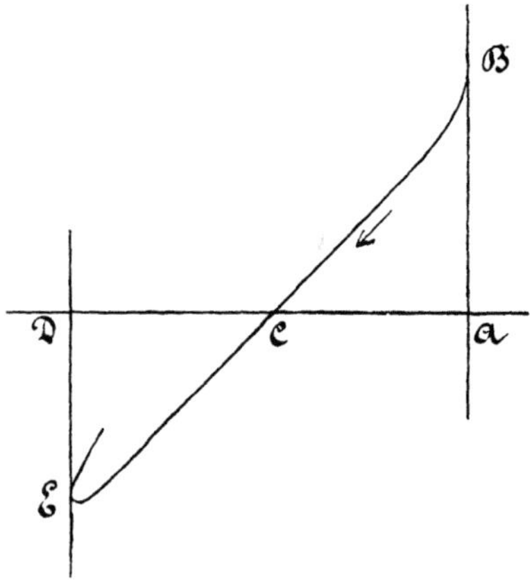

Fig. 29.

$$\frac{dy}{dx} = +\left(\frac{b}{v^{n-1}}\right)^{\overline{n}} \quad . \; . \; . \; . \; . \; . \quad (14a)$$

Aus dieser Gleichung folgt, dass in zwei beliebigen Punkten K_1 und K_2 (Fig. 30), für welche die schraffirten Flächen,

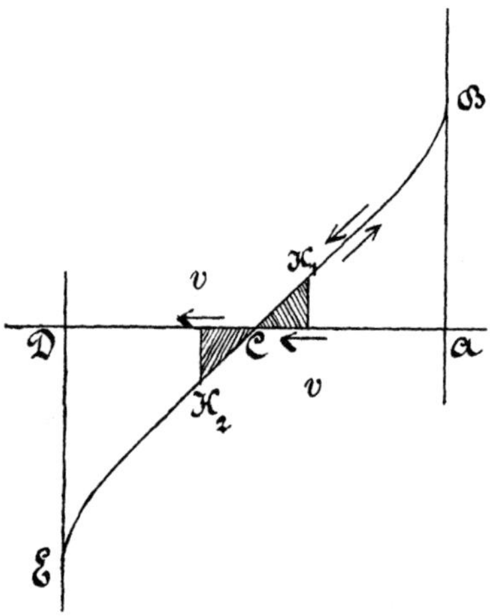

Fig. 30.

und demzufolge auch die entsprechenden wagerechten Geschwindigkeiten v gleich sind, der Tangentenwinkel der gleiche ist. Da die Tangente in C für das erste Element nach rechts und links gemeinschaftlich ist, und die Richtung, worin die Kurve fortschreitet, ausschliesslich von dieser ersten Tangente und von der durch die jeweilige Ordinate, die Kurve und die Abscissenaxe begrenzten Fläche bestimmt wird, so folgt, dass die Kurventheile BC und EC kongruent sein müssen. Die Diagrammkurven für Hin- und Rückgang decken sich mithin, schliessen keine Diagrammfläche ein, und die Regulirung ist gerade an der Grenze der Brauchbarkeit. In B sowohl als in E ist $\frac{dy}{dx}$ gleich $+\infty$.

In Fig. 30 ist eine Kurve nach Gleichung (14a) für $n = 2$ aufgezeichnet.

Was wir hier aus dem „Relativdiagramm“ über die Wirkung der Oelbremse gefunden haben, ergiebt sich auch leicht aus dem „absoluten“ Diagramm. Unter denselben Voraussetzungen wie oben hat man für einen beliebig statischen Regulator mit Oelbremse (siehe Fig. 11):

$$\frac{dy}{dx} = -(a\,y + b\,F)^{\frac{1}{n}} = -\sqrt[n]{a\,y + b\,F} \quad . \quad . \quad (15)$$

und speciell für einen astatischen Regulator:

$$\frac{dy}{dx} = -\sqrt[n]{b\,F} \quad . \quad . \quad . \quad . \quad . \quad . \quad (15a)$$

Ganz ähnlich wie für das „Relativdiagramm“ findet man für das „absolute“, dass die Theile BC und EC kongruent sind, also $DE = AB$ und die Tangente in B und E wagerecht, indem dort $F = 0$, also auch $\frac{dy}{dx} = 0$.

Die schwingungsdämpfenden Eigenschaften der Ridersteuerung, der rückdruckfreien Corliss- und Ventil-Steuerungen und der Oelbremse können an und für sich nur sonst widerstandslose Regulirungen brauchbar machen; die früher untersuchten schädlichen Wirkungen von Reibungen im Regulator und Stellzeug können sie natürlich nicht beseitigen.

Um eine Regulirung bei hohen Forderungen an die Gleichmässigkeit des Ganges praktisch brauchbar zu machen, müssen also noch extra die schädlichen Wirkungen der Reibung beseitigt werden, und dies kann, wie schon auseinandergesetzt, durch die Ungleichförmigkeit des Schwungrades oder den Rückdruck der Steuerung erreicht werden.

Wie oben näher erörtert, ist, wenn der Regulator, durch äussere Kräfte getrieben, tanzt, die schädliche Wirkung der Reibung auf das Endresultat, auf die Stellung, welche der Regulator schliesslich einnimmt, vollständig aufgehoben. Man sieht aber auch nach den obigen näheren Untersuchungen über Widerstände, welche eine Funktion der Regulatorhülsen-Geschwindigkeit sind (Ridersteuerung, Oelbremse u. s. w.), dass durch das Tanzen des Regulators die Reibung, welche sonst so schädlich wirkt, in eine Widerstandsform umgewandelt wird, die schwingungsdämpfend, also günstig wirkt.

Die Kraft, mit welcher die Regulatorhülse in einem gegebenen Augenblick sich zu bewegen strebt, sei p, die Grösse der Reibung der Bewegung P (und zwar setzen wir voraus, dass $p < P$) und die Strecke, um welche die Hülse auf und ab tanzt, l. Während die Hülse sich in Richtung der Kraft p bewegt, wirkt also p auf dem Wege l, legt in den schwingenden Regulator mithin in Form von lebendiger Kraft die Arbeit $p \cdot l$ hinein, so dass der Regulator seinen Schwingungsmittelpunkt um die Strecke $x = \frac{p \cdot l}{P}$ in Richtung der Kraft p verlegt. Bei der nächsten halben Schwingung gegen die Kraft p nimmt umgekehrt diese die Arbeit $p \cdot l$ heraus, so dass die Schwingung um $x = \frac{p \cdot l}{P}$ früher zum Stillstand kommt, oder mit anderen Worten der Schwingungsmittelpunkt wieder um die Strecke x in Richtung der Kraft p verlegt wird. Die Strecke 2 x, um welche die Regulatorhülse sich bei jeder Tanzbewegung verschiebt, ist also proportional p; die Geschwindigkeit der Regulatorhülsen-Verschiebung ist mit anderen Worten der treibenden Kraft p proportional, genau wie bei der Ridersteuerung, und die Regulirung hat mithin durch das Regulatortanzen die günstigen schwingungsdämpfenden Eigenschaften dieser Steuerung erhalten.

Oft werden Oelbremsen eingeschaltet, wo periodisches Festhalten durch die Steuerung und die durch Regulatortanzen modificirte Reibung vollständig für die Schwingungsdämpfung genügen würden; dies geschieht dann nur, um übermässiges Tanzen infolge grossen Steuerungsrückdruckes oder Schwungrad-Ungleichförmigkeitsgrades zu verhindern.

Wie komplicirt und schwer zu verfolgen die Regulirungsvorgänge thatsächlich sind, wenn man die in dieser Abhandlung angewendeten Hülfsmittel der Schwingungslehre nicht benutzt, ersieht man daraus, dass die oben auseinandergesetzten Wirkungen der Reibung bei Regulirungen in der Praxis und in der Litteratur sehr häufig nicht erkannt werden. In der in der „Zeitschrift des Vereins deutscher Ingenieure" erschienenen Abhandlung: „Beiträge zur Beurtheilung der Centrifugalpendelregulatoren" 1895, S. 1497, kommt z. B. Herr Tolle zu dem Resultat, dass „ein gewisser Unempfindlichkeitsgrad unerlässlich ist" und dass „der mindestens erforderliche Unempfindlichkeitsgrad $\varepsilon = \frac{\pi}{4} \delta$, rd. $^3/_4\, \delta$" betragen muss, also der Unempfindlichkeitsgrad ungefähr $^3/_4$ von dem Ungleichförmigkeitsgrade des Regulators, und zwar sind in der Rechnung bei konstanter Maschinenbelastung stillschweigend absolute Gleichförmigkeit des Schwungrades innerhalb jeder Umdrehung und eine rückdruckfreie Steuerung vorausgesetzt. Herr Tolle betont allerdings ausdrücklich, dass die Berechnung keinen Anspruch auf Genauigkeit erhebt; aber wenn auch, wie oben nachgewiesen, ein vollständig widerstandsloser Regulator unbrauchbar, und eine Dämpfung der Schwingungen durch einen Widerstand nothwendig ist, so ist es doch, um die Wirkung der gewöhnlichen Reibung scharf und klar festzulegen, nothwendig hervorzuheben, einerseits, dass die Reibung unter den Voraussetzungen, unter welchen Herr Tolle rechnet, also für einen nicht tanzenden Regulator, immer nur ungünstig wirken kann, und anderseits, dass, selbst wenn der Regulator tanzt, gerade der statischeste Regulator am wenigsten Dämpfung braucht; im Grenzfalle eines „absolut statischen" Regulators darf die Dämpfung sogar fast Null betragen, während sie nach der Formel von Tolle unendlich gross sein müsste. Mit der späteren Bemerkung des Herrn Tolle in derselben Abhandlung, dass der zur Schwingungsdämpfung nothwendige Widerstand am Regulator wohl durch eine Oelbremse, aber nicht durch gewöhnliche Reibung hervorgerufen werden darf, sind wir dagegen vollständig einverstanden, nur muss die Gültigkeit dieser Bemerkung nicht nur auf Reibungen, welche eine gewisse Grösse überschreiten, sondern auf alle Reibungen bis Null herunter ausgedehnt werden.

Dass die Verhältnisse thatsächlich so liegen, wie oben auseinandergesetzt, hat der Verfasser auch durch Beobachtungen an ausgeführten Regulirungen immer wieder bestätigt gefunden. Bei einer grossen Dampfdynamomaschine tanzte z. B. der Regulator, welcher den rückdruckfreien Kolbenschieber eines Krafteinschalters verstellt, selbst bei kleineren Maschinenleistungen, wo der Ungleichförmigkeitsgrad des Schwungrades zu weniger als $^1/_4{}^0/_0$ berechnet war. Der Unempfindlichkeitsgrad des Regulators mit Stellzeug war also kleiner als $^1/_4{}^0/_0$. Da nun der Ungleichförmigkeitsgrad des Regulators ungefähr $3{,}5^0/_0$ betrug, wäre nach der Formel von Tolle „der mindestens erforderliche Unempfindlichkeitsgrad" $\varepsilon = \frac{\pi}{4} \cdot 3{,}5 = 2{,}75\,^0/_0$. Der Regulator regulirte aber thatsächlich vorzüglich, sogar fast aperiodisch, und zwar ohne Oelbremse, auch beim plötzlichen Ausrücken von weit über $50^0/_0$ der Belastung. Eine Oelbremse wurde später angehängt, aber nur, um das Tanzen zu mässigen und die durch dieselbe eventuell entstehenden Abnutzungen zu vermeiden.

Selbst viel kleinere effektive Unempfindlichkeitsgrade als der soeben ausgerechnete von $2{,}75^0/_0$ würden eine gute Regulirung unmöglich machen. Hat man z. B. zwei 600-pferdige Wechselstrom-Dampfdynamos parallel zu schalten und die Regulatoren hätten mit ihrem Stellzeuge einen Unempfindlichkeitsgrad von $1^0/_0$ ($^1/_2{}^0/_0$ nach oben, $^1/_2{}^0/_0$ nach unten) und einen Ungleichförmigkeitsgrad von $2^0/_0$, so kann in einem gegebenen Augenblick der Zufall wollen, dass der eine Regulator um $^1/_2{}^0/_0$ zu hoch, der andere um $^1/_2{}^0/_0$ zu tief steht, dass die eine Maschine also mit ungefähr 450 P.S., die andere mit ungefähr 750 P.S. läuft, während im nächsten

Augenblick umgekehrt die erste mit 750 und die zweite mit 450 P.S. läuft. Ein Parallelschalten und Parallellaufen wäre unter solchen Umständen unmöglich. Die in Taschenbüchern aufgestellte Regel, dass der Unempfindlichkeitsgrad nie kleiner als der Ungleichförmigkeitsgrad des Schwungrades sein sollte, ist daher, wenn die höchsten Anforderungen an die Regulirung gestellt werden, mit Vorsicht aufzunehmen. Erstens ist der Ungleichförmigkeitsgrad des Schwungrades bei einer und derselben Maschine sehr verschieden, je nach der Leistung der Maschine; macht man daher bei einer rückdruckfreien Steuerung den Unempfindlichkeitsgrad grösser als den grössten vorkommenden Ungleichförmigkeitsgrad des Schwungrades, so ruft die Regulirung bei kleineren Leistungen fortwährende Schwankungen hervor. Zweitens ist die Schnelligkeit, mit welcher ein Regulator einer kleinen Geschwindigkeits-Aenderung folgt, wie oben nachgewiesen, wesentlich grösser, wenn er tanzt, als wenn er ruhig steht.

Als ein Faktor von Bedeutung ist noch der Einfluss etwaigen todten Ganges im Regulator und Stellzeug auf die Regulirung etwas näher zu untersuchen. In Fig. 31 stellt

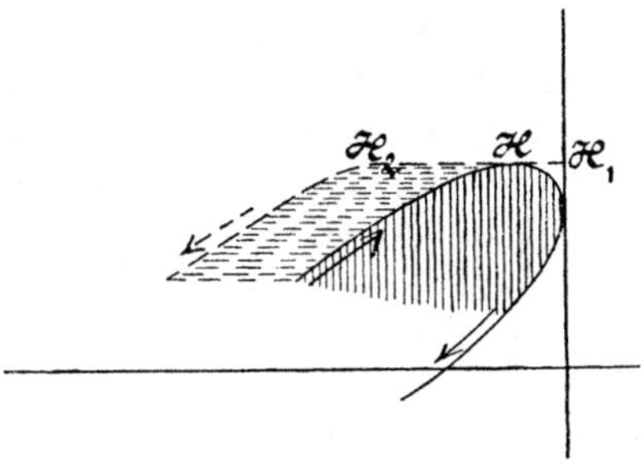

Fig. 31.

die ausgezogene Kurve das rechte Ende eines Regulirungs-Diagrammes mit negativer Fläche, also einer brauchbaren Regulirung, dar. Es sei nun in der Uebertragung zwischen Regulator und Steuerung todter Gang vorhanden, so dass der Regulator nach Erreichung des höchsten Punktes H in der Schwingung sich erst um eine gewisse Strecke nach unten bewegen muss, bevor eine Einwirkung auf Steuerung und

Maschinenleistung sich zeigt. Während des Zurücklegens dieser Strecke bleiben im Regulirungs-Diagramm die Ordinaten unverändert; der Vorgang zeigt sich also im Diagramm durch eine gerade Linie HH_1 gegen den Todtpunkt der wagerechten Schwingung hin, und bei genügend grossem todten Gang weiter als die Fortsetzung $H_1 H_2$. Anstatt der senkrecht schraffirten negativen Fläche entsteht die wagerecht schraffirte positive als Diagrammfläche, und die Regulirung ist unbrauchbar geworden, in sofern als sie jetzt fortwährende Schwingungen hervorruft. Der todte Gang hat also immer eine ausgeprägte Neigung positive Diagrammflächen hervorzurufen; je grösser die negative Fläche der Regulirung aber ist, je statischer also der Regulator, je kleiner seine Massen und je grösser die Schwungradmassen, desto grösser darf der todte Gang sein, ohne dass die Fläche positiv wird und allmählich zunehmende Schwingungen entstehen. Da aber die wagerechte Breite der senkrecht schraffirten Fläche bei Abnahme der Schwingungsamplitude des Regulators immer kleiner wird und sich der Breite Null nähert, während die wagerechte Breite der wagerecht schraffirten Fläche auch bei einer Schwingungsamplitude des Regulators von fast Null eine endliche Grösse beibehält, so gibt es auch für den statischesten Regulator eine bestimmte Schwingungsamplitude, unter welche die fortwährenden Regulirungsschwingungen nie sinken, indem, ganz ähnlich wie bei Besprechung der Reibung gezeigt, die geringste Abweichung der Steuerung von der richtigen Stellung eine Geschwindigkeitsänderung hervorruft, die genügt, um den Regulator durch die Strecke des todten Ganges zu bewegen, wobei die Steuerung durch die Trägheit um eine Kleinigkeit zu weit geschoben wird, so dass dasselbe Spiel sich wiederholt.

Todter Gang ist übrigens in den meisten Fällen, auch bei abgenutzten Gelenken, durch Einführung einseitiger Kräfte im Stellzeug zu vermeiden.

Dieselbe Rolle wie der todte Gang spielt auch die Schieberüberdeckung bei den mit Dampf, Wasser oder einer anderen Press-Flüssigkeit betriebenen Krafteinschaltern. Es mag hierbei noch hervorgehoben werden, dass diese soeben genannten Krafteinschalter mit Leichtigkeit sich so herstellen lassen, dass sie so gut wie keinen Zeitverlust ergeben und die damit ausgerüsteten Regulirungen sich praktisch genau so wie direkt wirkende verhalten.

Es kommt häufig vor, dass Dampfmaschinen, welche bei grösseren Füllungen gut reguliren, im Leerlaufe fortwährende Schwankungen zeigen. Die Ursachen dieser Schwankungen sind nicht einheitlicher Natur, sondern sehr verschiedenartig. Da sie aber, wie gesagt, häufig unter denselben äusseren Verhältnissen, nämlich beim Leerlauf der Maschine, anzutreffen sind, sollen sie hier gleichzeitig behandelt werden. Viele Dampfmaschinen, besonders mit Schiebersteuerung und Kondensation, können nicht eine genügend kleine Füllung geben, um die unbelastete Maschine am „Durchgehen" zu hindern, wenn das Absperrventil in der Dampfleitung vollständig offen ist. Selbst wenn der Expansionsschieber im todten Punkte absperrt, also die Füllung Null giebt, wird durch die Voreilung des Grundschiebers der oft verhältnissmässig grosse schädliche Raum mit Dampf gefüllt. Infolge der im Leerlaufe bei guter Luftleere meistens unbedeutenden Kompression leistet nun dieser Dampf im schädlichen Raum durch Expansion eine Ueberschuss-Arbeit, welche grösser als die Leerlaufarbeit der Maschine ist, und letztere würde ohne Eingreifen des Maschinisten durchgehen.

Soll nun die Maschine längere Zeit im Leerlauf oder mit sehr geringer Leistung laufen, so muss der Maschinist mittels des Absperrventiles in der Dampfleitung drosseln. Bei einer gewissen Stärke der Drosselung treten aber eigenthümliche Verhältnisse auf. Ist (bei mittleren Verhältnissen) der Druck hinter dem Drosselventil auf weniger als rund 0,58 des Druckes vor demselben gesunken, so haben bekanntlich Aenderungen in dem Druck hinter dem Ventil keinen Einfluss mehr auf die durchströmende Dampfmenge. Ist also das Drosselventil so eingestellt, dass die Maschine bei der augenblicklichen Leistung ohne Schwankungen läuft, und es vergrössert sich jetzt durch irgend welche Ursachen der Widerstand der Maschine, so sinkt der Regulator, um eine grössere Füllung zu geben; mehr Dampf k a n n nun aber, wie soeben auseinandergesetzt, bei der gegebenen Stellung des Drosselventils überhaupt nicht hindurchgehen; die Folge davon ist, dass der Eintrittsdruck in der Maschine sinkt, so dass der Regulator eine noch grössere Füllung einstellen muss u. s. w., mit anderen Worten, der Zustand ist labil, und die Maschine wird langsamer und langsamer gehen, bis sie nicht mehr Dampf braucht als nachströmen kann, oder bis der Maschinist das Drosselventil weiter öffnet.

Will man durch Drosseln längere Zeit hindurch eine oder mehrere schwach belastete Maschinen im gleichmässigen Gange erhalten, wie es unter Umständen für das Parallelschalten von Wechselstrommaschinen ausgeführt wird, so kann man sich dadurch helfen, dass man den nothwendigen Druckabfall nicht durch ein, sondern durch mehrere Drosselventile erreicht, so dass man bei jedem einzelnen Ventil nicht bis auf das labile Druckverhältniss 0,58 zu gehen braucht.

Eine andere Ursache des oft schlechten Regulirens im Leerlauf ist der kleinere Ungleichförmigkeitsgrad des Schwungrades, welcher kein Regulatortanzen zu Stande kommen lässt, ferner bei einigen Steuerungen die Abnahme, beziehungsweise das vollständige Aufhören des Rückdruckes bei den kleinsten Füllungen. Selbst diejenigen Steuerungen, welche auch bei den kleinsten Füllungen noch einen Rückdruck ausüben, wie z. B. einige Auslösungssteuerungen, verlieren periodisch ihre Fähigkeit, durch einen solchen Rückdruck die Reibungen im Regulator und Stellzeug aufzuheben, indem sie zeitweise über den Bereich der kleinsten Füllungen hinausschwingen, das Ventil überhaupt nicht anheben und daher auch keinen Rückdruck ausüben.

Eine weitere Ursache des gasmotorähnlichen Verhaltens mancher Dampfmaschinen im Leerlauf, bei welchen die Steuerung abwechselnd Füllung und keine Füllung giebt, ist noch die, dass die Steuerung keine starke negative Arbeit einstellen kann; steigt der Regulator bei seinen Schwingungen in die Höhe, um eine durch zu grosse Füllung hervorgerufene Beschleunigung der Maschine aufzuheben, so steht ihm kein kräftigeres Bremsmittel als die indicirte Leistung Null zur Verfügung; es dauert daher unter Umständen verhältnissmässig lange, bis die zu grosse Geschwindigkeit vernichtet werden kann. Hat nun der Regulator nach oben hin keine Hubbegrenzung, so wird er durch die langandauernde zu grosse Geschwindigkeit überflüssigerweise noch weiter in die Höhe getrieben. Beim Abwärtsgang hat er daher einen langen unwirksamen Weg, der die Rolle eines todten Ganges spielt, zurückzulegen, braucht dementsprechend viel Zeit, lässt daher die Maschinengeschwindigkeit unzulässig tief sinken, bevor er zu wirken anfängt und schiesst dann, infolge der hierdurch aufgespeicherten grossen lebendigen Kraft und grossen „Triebkraft durch falsche Geschwindigkeit", weiter als er sonst thun würde, und das Spiel wiederholt sich von neuem.

Eine Hubbegrenzung am Regulator für die Stellung der kleinsten Füllung würde diesen letzten Fehler, soweit er vom Regulator herrührt, beseitigen.

Der bei vielen Steuerungen fast gänzlich unvermittelte Uebergang zwischen einer Füllung des vorher fast leeren schädlichen Raumes mit Dampf von der vollen Spannung bei einer Regulatorstellung, und gar keiner Füllung überhaupt bei der fast unmittelbar benachbarten Regulatorstellung trägt auch zu dem gasmotorähnlichen Gang der Maschine bei, wenn erstere Füllung zu gross für den Leerlaufwiderstand ist.

Wird von einer Dampfmaschine verlangt, dass sie im Leerlauf noch tadellos reguliren soll, so ist dies am vollkommensten zu erreichen, wenn die Steuerung eine starke Kompression ergiebt, besonders wenn letztere bei Verbundmaschinen im kleinen Cylinder variabel ist, d. h. um so grösser wird, je kleiner die Füllung. Liegt diese grosse Kompression, wie bei den meisten Kondensationsmaschinen, nicht vor, so würde man auch dadurch, dass man die Eröffnung des Steuerorgans für den Dampfeintritt bei kleineren Füllungen absichtlich möglichst klein hält, eine variable Drosselung und dadurch einen allmählichen Uebergang der Dampfmaschinenleistung auf Null erreichen können. Eine Hubbegrenzung der Regulatorhülse an der Stelle der kleinsten Füllung ist, wie oben erörtert, ebenfalls zu empfehlen.

Zur Vervollständigung des Ueberblickes über die verschiedenen Eigenthümlichkeiten der Regulirungen wollen wir noch die Schwingungszeiten etwas näher untersuchen. Da die Schwingungen sehr mannigfaltig sind, werden wir uns auf ein paar Formen beschränken, deren Zeiten sich leicht berechnen lassen. Welche Rolle die einzelnen Grössen spielen, wird daraus genügend hervorgehen.

Wie schon gezeigt, würden die Schwingungen eines „absolut statischen“ reibungsfreien Regulators, bei welchem die „Triebkraft durch falsche Geschwindigkeit“ gegen die „Triebkraft durch falsche Stellung“ vernachlässigt werden kann, Sinusschwingungen sein. Bezeichnet man die Endordinate im Schwingungsdiagramm (siehe Fig. 13) mit y_0, die auf die Hülse reducirte Regulatormasse mit m, die Kraft an der Regulatorhülse in der Endstellung, wie in Gleichung 1, 3 u. s. w., mit $a \cdot y_0$, die Zeit einer ganzen Schwingung mit 4 t und die Geschwindigkeit der Regulatorhülse in dem Augenblick, wo sie die Mittelstellung passirt, mit u, so hat man:

$$\tfrac{1}{2} a \cdot y_0 \cdot y_0 = \tfrac{1}{2} m u^2$$

und da die Sinusbewegung als Projektion einer Kreisbewegung aufgefasst werden kann:

$$4 t = \frac{2 \pi y_0}{u}$$

Aus diesen beiden Gleichungen ergiebt sich:

$$t = \frac{\pi}{2} \sqrt{\frac{m}{a}} \quad . \quad . \quad . \quad . \quad . \quad . \quad . \quad (16)$$

Die Schwingungszeit des Schwungrades ist bei einem „absolut statischen“ Regulator nur von der Schwingungszeit des Regulators abhängig, also von der Masse des Schwungrades unabhängig und nach Gleichung (16) proportional der Quadratwurzel aus der Regulatormasse und umgekehrt proportional der Quadratwurzel aus der „Triebkraft durch falsche Stellung“, welche durch a repräsentirt ist.

Der zweite einfache Schwingungsfall, den wir berechnen wollen, ist derjenige, welcher durch die Reibung hervorgerufen wird. Wie oben gezeigt, ruft eine Reibung, welche nicht durch Tanzen des Regulators modificirt ist, bei konstanter Maschinenbelastung fortwährende Schwingungen hervor. Das Schwingungsdiagramm, dessen Ordinatengrössen oberhalb und unterhalb der Abcissenaxe von Zufälligkeiten der Reibungen abhängen, und welches sich fortwährend etwas auf und ab verschieben wird, sieht bei nicht zu grossen Unempfindlichkeitsgraden angenähert so aus, wie in Fig. 32 angedeutet.

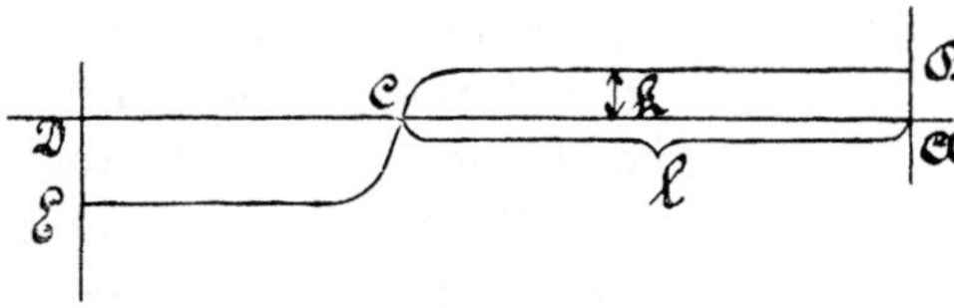

Fig. 32.

Nennt man die Zeit, welche die reducirte rotirende Maschinenmasse braucht, um den Relativweg $A\,C = l$ zurückzulegen, t, deren Geschwindigkeit in C v und die der Ordinate y_0 entsprechende Kraft an der reducirten rotirenden Maschinenmasse m $k = \alpha \cdot y_0$, so hat man nach dem Satze vom Antriebe:

$$t = \frac{M\,v}{k} = \frac{M\,v}{\alpha \cdot y_0} \quad . \; . \; . \; . \; . \quad (17)$$

Die Schwingungszeit ist hier mithin proportional der rotirenden Masse und proportional dem Unempfindlichkeitsgrade (denn dieser ist $= \frac{2\,v}{V}$, wo V die mittlere absolute Geschwindigkeit der reducirten Masse M).

Bevor wir die Betrachtungen über das Verhalten verschiedener Regulirungen bei konstanter Maschinenbelastung abschliessen, müssen wir noch ein paar Worte über den labilen Regulator hinzufügen. In einer Zuschrift an die „Zeitschrift des Vereines deutscher Ingenieure" (1897, S. 415) von Herrn Knoller wird ein Fall erwähnt, wo ein labiler Regulator, welcher im Leerlauf 103 und bei der Maximalleistung 106 Umdrehungen zeigte, anstandslos regulirte, während wie oben nachgewiesen, der äusserste Grenzfall, bis zu welchem ein Regulator durch eine Oelbremse noch brauchbar gemacht werden kann, derjenige des astatischen Regulators ist. Hier liegt also ein scheinbarer Widerspruch vor. Der Verfasser hat leider keine Gelegenheit gehabt, persönlich derartige labile Regulirungen zu beobachten; aber die paradoxe Erscheinung lässt sich sehr gut aus einer vom Verfasser öfters beobachteten Eigenschaft vieler Oelbremsen erklären.

Eine Oelbremse, welche nach dem in Fig. 33 dargestellten bekannten oder einem ähnlichen Princip konstruirt ist, saugt bei einem raschen Aufwärtsgange des Kolbens, z. B. beim Anlassen der Maschine, auch wenn der Kolben sich gar nicht absolut dicht im Cylinder bewegt, leicht bei der Stellschraube A Luft an, wenn die Stellschraube so gestellt ist, dass nur ein sehr kleiner Kanalquerschnitt bei B frei bleibt. Der grosse Unterdruck, welcher durch die starke Verengung entsteht, zieht durch die geringste Undichtheit der Schraube Luft hinein und unter den Kolben, wo sie dann nicht wieder hinaus kann, da sie unter Oel sehr schwer durch den engen Spalt zwischen Kolben und Cylinder hindurch geht. Der Verfasser hat Fälle beobachtet, wo innerhalb einer Minute eine nach einem ähnlichen Princip konstruirte Oelbremse voll Luft war. Von dem Augenblick an, wo eine grössere Luftmenge unter dem Kolben sich befindet, verhält sich aber die Regulirung ganz anders als bei einer reinen Flüssigkeitsbremsung. Die Luft wirkt wie eine Feder und kann dadurch einen labilen Regulator zu einem statischen machen, wenn die Stellschraube ganz zugeschraubt wird. Oeffnet man nun die Schraube ganz wenig, so wird der Regulator wie ein statischer reguliren, aber bei einer dauernden Neigung zur Bewegung des Oelbremskolbens nach einer Richtung, allmählich diesen verstellen, bis diese Neigung aufhört, und in der neuen Mittelstellung sich wieder statisch verhalten. Der Verfasser hat sich an Herrn Knoller gewandt, und die von diesem bereitwilligst nach dem Gedächtniss gegebene Schilderung des Verhaltens der betreffenden Maschine scheint die obige Hypothese insofern zu bestätigen, als die Maschine beim Anlassen jedesmal weit über die höchste normale Umdrehungszahl hinausging, trotz Vorsichtsmassregeln des Maschinisten. Während des Stillstandes der Maschine, wo der Oelbremskolben

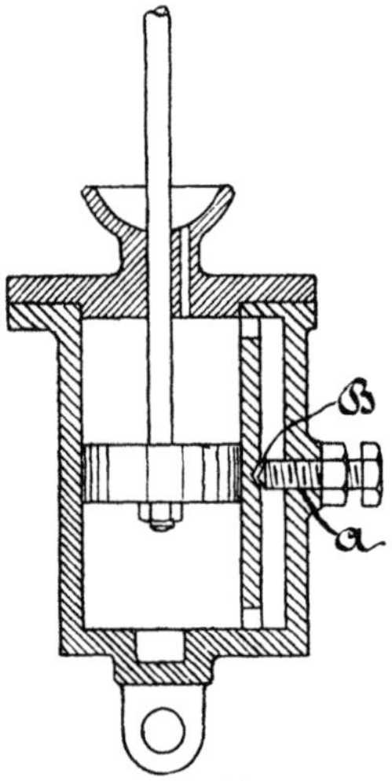

Fig. 33.

tief steht, wird die Luft unter demselben ganz oder theilweise durch den Kanal nach oben entweichen können. Wird nun die Maschine angelassen, so giebt die Oelbremse, weil, wie oben erörtert, die Stellschraube ziemlich tief eingestellt sein muss, einen sehr grossen Widerstand, so dass die Maschine leicht durchgehen kann, bis der Regulator seine höchste Stellung erreicht hat. Diese grosse Kraftäusserung ist es auch, welche selbst bei einer verhältnissmässig vollkommenen Dichtheit der Stellschraube Luft ansaugt. Lägen die Verhältnisse anders, als hier angenommen, so wäre es schwer zu erklären, wie die Maschine eine solche Neigung zum Durchgehen beim Anlassen zeigen könnte, während sie später, im Beharrungszustande, diese Neigung verliert; denn ein labiler Regulator sollte doch energischer als jeder andere beim Ueberschreiten der normalen Umdrehungszahl kleine Füllungen einstellen, und wenn im Betriebe halbwegs plötzliche Belastungsänderungen vorkommen, so könnte eine luftfreie Oelbremse die aus dem Durchgehen beim Anlassen zu folgernde enge Einstellung überhaupt gar nicht haben, während, wenn Luft in der Bremse sich befindet, der Regulator auch unter Voraussetzung einer engen Einstellung der Schraube bei plötzlichen Belastungsänderungen nachkommen kann.

Wenn man aus irgend einem Grunde die Aufgabe hat, einen astatischen oder labilen Regulator für eine Regulirung brauchbar zu machen, so würde man natürlich anstatt des sehr variablen Luftpolsters eine Feder zwischen Regulator und Oelbremse anbringen. Mit einem astatischen Regulator und einer solchen Feder könnte man also erreichen, dass eine Maschine bei den verschiedensten Belastungen immer wieder auf genau dieselbe Beharrungsgeschwindigkeit zurückkommt. Praktisch würde dies aber in den meisten Fällen nicht als ein Vortheil, sondern eher als ein Nachtheil gegenüber einer Regulirung mit einem pseudoastatischen Regulator erscheinen. Denn vorübergehend geben beide Regulirungsarten doch eine andere Geschwindigkeit bei plötzlichen Belastungsänderungen; während aber der pseudoastatische Regulator nach ganz kurzer Zeit die neue Beharrungsstellung eingestellt hat, geht der astatische Regulator mit federnd angehängter Oelbremse langsam wieder zurück. In den vielen Fällen der Praxis, wo eine kleine Differenz in der Geschwindigkeit nicht stört, wenn letztere sich nur nicht öfter als nothwendig ändert, würde eine so wie so eingetretene neue Geschwindigkeit weniger störend sein als eine nochmalige Aenderung zurück.

Die Resultate unserer Untersuchungen über das Verhalten einer Regulirung bei konstanter Maschinenbelastung wollen wir noch kurz zusammenfassen.

Bringt man in den Beharrungszustand einer konstant belasteten Maschine dadurch eine Störung hinein, dass man den Regulator aus seiner Gleichgewichtsstellung bringt, so entstehen Schwingungen des Regulators um eine mittlere Stellung herum und des Schwungrades um eine mittlere Geschwindigkeit herum. Weist hierbei das „relative“ Schwingungsdiagramm negative Flächen auf, so hören die Schwingungen bald auf; zeigt dasselbe hingegen positive Flächen, so entstehen bleibende Schwingungen. Reibung in ihrer gewöhnlichen Form ruft (wenn die Maschinenwiderstände von der Geschwindigkeit unabhängig sind) immer positive Diagrammflächen, also bleibende Schwingungen hervor. Die erste Bedingung für eine gute Regulirung ist daher entweder das Reduciren der Reibungen auf ein Minimum, so dass die Schwingungen keine störende Grösse annehmen, oder das Modificiren der Reibungen durch Steuerungsrückdruck, Schwungrad-Ungleichförmigkeit, absichtlich herbeigeführte, periodisch wechselnde Kräfte im Regulirungsgestänge oder durch Erschütterungen. Ist diese erste Bedingung erfüllt, so kann man die Schwingungen einer beliebigen direkt wirkenden Regulirung in drei Theilschwingungen auflösen: 1. Die Schwingung, welche von den „Kräften durch falsche Stellung“ des Regulators, 2. diejenige, welche von den „Kräften durch falsche Geschwindigkeit“ des Regulators und 3. diejenige, welche durch die Widerstände der Regulirung hervorgebracht wird. Die erste ergiebt im „Relativdiagramm“ für sich allein eine gerade Linie als Diagramm, also die Fläche Null, hat keine ihr eigenthümliche Phase, sondern nimmt die Phase der kombinirten Regulatorschwingungen an und kann deshalb aus der Betrachtung über günstige und ungünstige Eigenschaften einer Regulirung weggelassen werden, als wenn sie gar nicht vorhanden wäre.[1]) Die zweite Schwingung hat, weil sie durch die Geschwindigkeitsänderungen des Schwungrades entsteht, eine Phasennacheilung gegen die Schwungradschwingungen von 90°. Die unter (2) bezeichnete Einzelschwingung der Regulirung ergiebt also immer positive Diagrammflächen. Soll die Regulirung brauchbar werden, so bleibt nur noch als Möglichkeit übrig, die unter (3) bezeichnete Einzelschwingung so zu gestalten, dass sie eine Voreilung gegen die Schwungradschwingung aufweist, wodurch die positive Diagrammfläche der Theilschwingung (2) aufgehoben und eine überschüssige negative Diagrammfläche erzeugt werden kann. Da nun die Geschwindigkeit der Regulatorhülse eine Periode mit 90° Nacheilung gegen die Hülsenschwingung selbst aufweist, braucht man zu diesem Zwecke nur am Regulator einen Widerstand anzubringen, welcher mit der Hülsengeschwindigkeit steigt und fällt und bei der Hülsengeschwindigkeit Null auch Null wird; denn dieser Widerstand besitzt eine Nacheilung um 180° gegen die Hülsengeschwindigkeit, also um 270° gegen die Regulatorschwingung, und 270° Nacheilung ist identisch mit 90° Voreilung. So lange wie die Regulatorschwingung ohne Widerstände weniger als 90° Nacheilung gegen die Schwungradschwingung aufweist, was bei allen statischen Regulatoren der Fall ist, weil bei diesen die um 90° gegen das Schwungrad nacheilende Schwingung durch die „Kraft der falschen Geschwindigkeit“ nur einen Theil der ganzen Schwingung ausmacht, kann man also durch die soeben

[1]) Dies ist natürlich nicht so zu verstehen, als hätten die „Kräfte durch falsche Stellung“ keinen Einfluss auf die Regulirung; ihr Einfluss ist im Gegentheil sehr günstig; denn je grösser dieselben bei einem Regulator gemacht werden, desto kleiner werden die „Triebkräfte durch falsche Geschwindigkeit“. Wir setzen aber bei unserer augenblicklichen Betrachtung der Einzelschwingungen einen gegebenen Regulator voraus, ohne zu untersuchen, woher die „Triebkräfte durch falsche Geschwindigkeit“ kommen, und konstatiren nur, dass diese die einzigen Kräfte sind, welche eine positive Diagrammfläche hervorrufen.

definirten Widerstände die Regulirung brauchbar machen.

Wir haben demnach als praktisch brauchbare Mittel, um Regulirungsschwingungen bei konstanter Maschinenleistung zu verhindern: Das Princip der Ridersteuerung, die Oelbremse und als ganz analog wirkend: das periodische Festhalten des Regulators z. B. durch Ventil- und Corlisssteuerungen und die durch Regulatortanzen modificirte Reibung.

B. Das Verhalten der Regulirung bei Aenderungen der Maschinenbelastung.

Es wäre nun noch die im Anfang dieser Abhandlung nur angedeutete Frage nach dem Verhalten der Regulirung bei einer plötzlichen Belastungsänderung der Maschine etwas näher zu betrachten. Es ist klar, dass eine ideale Regulirung diejenige wäre, welche gleichzeitig mit der Belastungsänderung wirkte; da nun aber die gebräuchlichen Regulirungen gerade durch die Geschwindigkeitsänderungen bethätigt werden, und diese Geschwindigkeitsänderungen anderseits möglichst klein gehalten werden sollen, so ist ohne Einschränkung diejenige Regulirung die beste, welche am schnellsten wirkt, und anderseits kann diese Regulirung am vollkommensten ihre Aufgabe lösen, wenn das Schwungrad der Maschine möglichst schwer ist. Es ist ein Beweis für die Verwickeltheit der bei den Regulirungen in Frage kommenden Vorgänge, dass man beim Beobachten der fortwährenden Schwankungen mancher Maschine leicht auch an den einfachsten Grundwahrheiten der Regulirung irre wird; man hört und liest daher sehr oft die entgegengesetzten Anschauungen von den oben ausgesprochenen. Wer ohne die in diesem Falle absolut nothwendigen besonderen theoretischen Hilfsmittel sich an die Beurtheilung einer im Betriebe befindlichen Regulirung wagt, wird sehr leicht auf falsche Hypothesen verfallen. Der Verfasser hat nicht einmal, sondern sehr oft, von sonst erfahrenen Ingenieuren Bemerkungen gehört und gelesen, wie

z. B., dass „eine Turbine schlecht regulirte und fortwährende Geschwindigkeitsschwankungen bei konstanter Belastung hervorriefe, weil das Schwungrad zu schwer sei und der Regulator zu schnell käme“, wobei noch ausdrücklich hervorgehoben werden mag, dass die betreffende Turbine nicht etwa eine lange Rohrleitung hatte.

In der englischen Zeitschrift „Industries“, Band 9, Seite 162 stellt auch Swinburne in einer Abhandlung über Regulirung ganz ähnliche Behauptungen auf. Wir werden hier auf diese Abhandlung etwas näher eingehen, weil die darin enthaltenen Anschauungen mehr oder weniger von vielen Fachleuten auch in Deutschland getheilt werden, und weil eine solche auf Beobachtungen gestützte Abhandlung in einer Fachzeitschrift jedenfalls einen verhältnissmässig bedeutenden Einfluss ausübt.

Swinburne spricht als Resultat seiner Beobachtungen und Studien mit Bestimmtheit aus: es seien falsche Vorstellungen, dass ein möglichst schweres Schwungrad und ein möglichst schnellwirkender Regulator die beste Regulirung gäben. Diese Behauptung stimmt auch mit der Anschauung, welche verschiedene Ingenieure dem Verfasser gegenüber ausgesprochen haben, dass das sogenannte „Ueberreguliren“ (englisch „hunting“) dadurch entstünde, dass der Regulator zu schnell käme.

Dass der Regulator bei einer plötzlichen Belastungsänderung sofort verstellt, ist aber nicht damit identisch, dass er sich schnell bewegt und dadurch über das Ziel hinausschiesst. Wie oben gezeigt, setzt sich die lebendige Kraft, welche sich in einem Regulator ansammelt, aus zwei Arbeiten zusammen, aus derjenigen der „Triebkraft durch falsche Stellung“ und derjenigen der „Triebkraft durch falsche Geschwindigkeit“. Die erste ist unabhängig von der Zeit, welche der Regulator braucht, und die zweite wird um so grösser, je länger es dauert, bis die Regulatorbewegung fertig ist. Also gerade das Verzögern der Regulirung durch Reibung, todten Gang und träge Massen ist das beste Mittel, um Ueberregulirung hervorzurufen. Für die Verzögerung der Regulirung durch Oelbremsen und ähnliche Dämpfungsmittel gilt, wie oben nachgewiesen, dies allerdings nicht, und die Behauptung von Swinburne, dass eine langsam wirkende Regulirung unter Umständen besser als eine schnellwirkende sei, ist insofern richtig, wenn die Verzögerung durch eine Oelbremse hervorgerufen wird; aber die Schlussfolgerungen daraus sind irreführend. Wenn man eine Regulirung mittelst Oelbremse stark dämpfen muss, um ein brauchbares Resultat zu erreichen, so ist das nur ein Beweis dafür, dass die Massen des Regulators und des Stellzeuges zu gross sind und das Schwungrad zu leicht, um ohne starke Bremsung eine gute Regulirung zu geben. Wenn man zwischen zwei Uebeln zu wählen hat, einer unbrauchbaren Regulirung auf der einen Seite und einer zur Noth brauchbar gemachten Regulirung auf der anderen Seite, so wählt man das zweite als das kleinere Uebel; aber durch Verkleinerung der Regulatormassen und Vergrösserung der Schwungradmassen, wobei man die Dämpfung mittelst Oelbremse auch kleiner halten oder ganz entbehren kann, so dass der Regulator rascher wirkt, kann man die Regulirung noch besser machen; es ist mit anderen Worten die Langsamkeit der Regulatoreinwirkung nicht etwas Erstrebenswerthes, sondern nur ein Nothbehelf, wenn die Regulirung ungünstig konstruirt ist, um noch zu retten, was gerettet werden kann.

Die Erklärung, welche Swinburne für die von ihm beobachtete ungünstige Regulirung mit raschwirkenden Regulatoren giebt, nämlich, dass ein schweres Schwungrad nicht so schnell reagiren könne wie ein raschwirkender Regulator verstelle, deckt sich im Princip mit dem von anderer Seite aufgestellten, scheinbar entgegengesetzten Einwand gegen schnellwirkende Regulatoren, dass die schnelle Regulirung wie ein Ruck wirke, was besonders z. B. bei Wechselstrom-Dampfmaschinen, welche parallel geschaltet werden sollen, störend wirken könnte.

Zieht an einem ruhenden Körper plötzlich eine Kraft nach rechts und will man eine Bewegung des Körpers verhindern, so muss man gleichzeitig, also ebenso plötzlich, mit einer ebenso grossen Kraft nach links ziehen. Fängt diese zweite Kraft erst nach einer gewissen Zeit an, oder schwillt sie nur allmählich an, dann entsteht gerade der Ruck, den man vermeiden wollte. Ganz ähnlich liegen die

Verhältnisse bei der Regulirung, wenn sich die Maschinenbelastung plötzlich ändert; will man einen Ruck verhindern, so muss man möglichst ebenso plötzlich reguliren, wie sich die Kraft ändert. Dass das Schwungrad nicht so schnell reagiren könne, wie der Regulator verstelle, ist somit kein Tadel für eine Regulirung; das Ideal würde man erreichen, wenn die Regulirung so schnell wirkte, dass das Schwungrad seine Geschwindigkeit überhaupt nicht änderte, dass es überhaupt nicht „reagirte". Den Begründungen Swinburne's liegt aber jedenfalls auch die Vorstellung zugrunde, dass das Schwungrad eine andere Schwingungszeit als der Regulator haben könne; dies ist aber unmöglich; Schwungradschwingungen und Regulatorschwingungen sind immer isochron mit derselben Naturnothwendigkeit wie eine Schwingung und deren Kräftediagramm isochron sind; denn der Regulator beschreibt nur das Kräftediagramm der Schwungradschwingungen, wie ein Indikator das Kräftediagramm einer Dampfkolbenschwingung.

Wenn Swinburne in Fällen, welche er beobachtet hat, die Wirkung des Regulators besonders langsam einstellen musste, um das Ueberreguliren, also fortwährende Schwingungen, zu verhindern, so beweist das, wie schon bemerkt, nur, dass Regulatoren und Stellzeug ungünstig konstruirt gewesen sind, z. B. zu grosse Massen gehabt haben, so dass starke Dämpfung angewendet werden musste, um fortwährende Schwingungen zu verhindern. Bei plötzlichen grossen Belastungsänderungen ist es dann aber selbstverständlich, dass solche langsam wirkende Regulirungen eine bedeutende Geschwindigkeitsänderung des Schwungrades entstehen lassen, bis sie endlich mit der Verstellung fertig sind. Wären die Regulatoren günstiger konstruirt gewesen, so hätte man, wie nicht nur theoretische Ueberlegungen zeigen, sondern wie der Verfasser aus eigenen Beobachtungen an verschiedenen Maschinensystemen bezeugen kann, mit sehr wenig Dämpfung einerseits Schwingungen bei konstanter Belastung verhindert und anderseits eine bedeutend bessere Regulirung, also bedeutend geringere Geschwindigkeitsänderung, bei plötzlicher Belastungsänderung erreichen können. Wenn Swinburne (und mit ihm Andere) ferner nach seinen Beobachtungen zu dem

Resultat kommt, dass man mit leichteren Schwungrädern eine bessere Regulirung erreichen kann als mit schwereren, so können wieder nur Unvollkommenheit der Regulatoren[1] die Ursache gewesen sein. Ein unempfindlicher Regulator z. B. erzeugt bei schwerem Schwungrade, wie schon oben gezeigt, fortwährende langsame Schwingungen, während ein leichteres Schwungrad den Regulator zum Tanzen bringen kann, so dass, wie oben näher erörtert, die Schwingungen aufhören. Ein leichtes Schwungrad giebt aber bei plötzlichen Belastungsänderungen grössere vorübergehenden Geschwindigkeitsabweichungen als ein schweres. Hat Swinburne daher mit einem schlechten Regulator und einem leichten Schwungrade eine brauchbare Regulirung erreicht, so ist dazu zu bemerken, dass man mit einem guten Regulator und einem schweren Schwungrade eine bessere Regulirung erreicht hätte.

Der Verfasser hat genaue Beobachtungen und Versuche an grossen liegenden Dampfmaschinen angestellt, welche die von Swinburne getadelten Eigenschaften bis zur äussersten Spitze getrieben aufwiesen, nämlich ein ausserordentlich schweres Schwungrad und einen bis aufs äusserste empfindlich gemachten und mit kleinen Massen versehenen Federregulator. Die Regulirung war auch ohne Oelbremse vorzüglich.

Ein weiterer Grund, um speciell bei Dampf-Dynamomaschinen, welche parallel laufen sollen, möglichst schnell wirkende Regulirungen zu bevorzugen, mag noch kurz erwähnt werden.

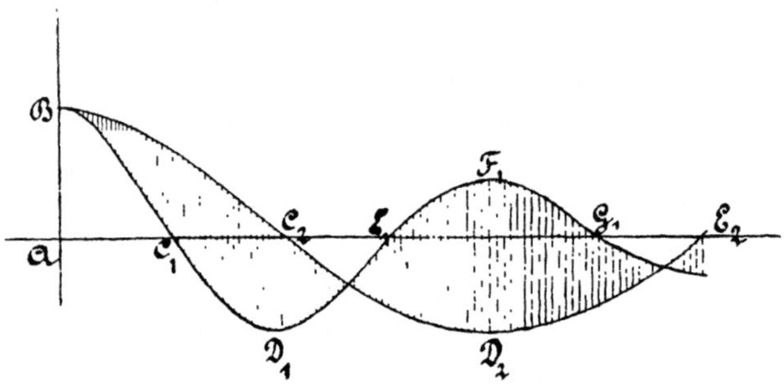

Fig. 34.

Denkt man sich z. B. zwei Dampfdynamos mit gleichen

Regulatoren, aber verschieden grossen Oelbremswiderständen, behufs Parallelschalten auf dieselbe Umdrehungszahl gebracht, und hebt man beide Regulatorhülsen plötzlich um eine Strecke A B (siehe „absolutes“ Diagramm Fig. 34) in die Höhe, um sie nach Vernichtung der entstandenen lebendigen Kraft sofort wieder loszulassen, so entsteht für die eine Maschine eine Schwingungskurve $B C_1 D_1 E_1 F_1 G_1$, für die andere eine flachere Kurve $B C_2 D_2$ mit längerer Schwingungszeit. Die schraffirte Fläche stellt die Differenz der geleisteten Arbeiten, welche Relativschwankungen der beiden Maschinen unter sich hervorruft, dar, und es ist aus der Figur ohne weiteres ersichtlich, dass diese Differenz, welche durch Zufälligkeiten in den Widerständen der Regulatoren, Stellzeuge und Oelbremsen entsteht, um so grösser werden kann, je länger überhaupt die Schwingungszeiten sind, je langsamer also die Regulatoren eingreifen.

In diesem Zusammenhange sei darauf aufmerksam gemacht, dass zum feinen Beobachten von Regulirungsschwingungen bei konstanter Belastung die gebräuchlichen Tachometer mit Riemenantrieb (wenn sie nicht besonders für solche Beobachtungen konstruirt sind) im allgemeinen nicht geeignet sind infolge ihrer Widerstände, Trägheit und Unregelmässigkeiten beim Riemenantrieb, selbst wenn letzterer sorgfältig ausgeführt ist. Dagegen eignen sich bei Dampfdynamomaschinen die Voltmeter für diesen Zweck sehr gut.

Wie schon wiederholt angedeutet, haben diejenigen Mittel, mit welchen man einen Regulator bei konstanter Maschinenbelastung schwingungsfrei machen kann (Oelbremse, Riderschieber, periodisches Festhalten durch Ventil- und Corliss-Steuerungen oder durch besondere Hemmwerke und durch Regulatortanzen modificirte Reibung) alle den Nachtheil, dass sie das schnelle Einwirken des Regulators bei plötzlichen Belastungsänderungen hemmen. Wie ungünstig z. B. das periodische Festhalten des Regulators die Schnelligkeit dessen Eingriffes beeinflusst, ersieht man aus ein paar Zahlen. Setzen wir der Einfachheit halber für kurze Zeit eine konstante Triebkraft p am Regulator voraus, so ist bei einem freien Regulator der zurückgelegte Hülsenweg l in der

Zeit t: $l = \frac{1}{2} \frac{p}{m} t^2$, wo m die auf die Hülse reducirte Regulatormasse. Wird aber der Regulator während der Zeit t 10mal festgehalten, so dass er immer wieder von der Geschwindigkeit Null aus beschleunigt werden muss, so ist der zurückgelegte Weg $x = 10 \frac{1}{2} \frac{p}{m} \left(\frac{t}{10}\right)^2 = \frac{1}{10} \left(\frac{1}{2} \frac{p}{m} \cdot t^2\right) = \frac{l}{10}$, mithin nur ein Zehntel so gross, wie wenn der Regulator sich frei bewegen kann; der Regulator braucht also eine zehnmal so grosse Zeit, um den gegebenen Weg l zurückzulegen.

Diese Verzögerung der Regulatorbewegung infolge von periodischem Festhalten oder von den Widerständen eines Riderschiebers, einer Oelbremse oder der durch Tanzen des Regulators modificirten Reibung zeigt nun ihre nachtheilige Wirkungen oft nicht nur bei plötzlichen Belastungsänderungen, sondern kann unter Umständen zu fortwährenden Geschwindigkeitsschwankungen der Maschine führen. Die genannten Widerstandsformen rufen zwar, wie früher nachgewiesen, negative Diagrammflächen hervor, so dass durch Störungen entstandene Schwingungen allmählich zur Ruhe gelangen würden, *wenn ihnen die nöthige Zeit gelassen würde*; aber wie z. B. aus Gleichung (15) zu ersehen nimmt $\frac{dy}{dx}$, wenn man den Widerstand vergrössert, die Koefficienten a und b also beide im selben Verhältniss verkleinert, nicht einfach proportional dieser Verkleinerung ab, so dass die Kurve Fig. 11 sich etwa nur durch umgekehrt proportionale Verlängerung der Abscissen x veränderte, sondern da durch die Verlängerung des x bei einem gegebenen y die schraffirte Fläche F wächst, so wächst in Gleichung (15) das Glied bF im Verhältniss zum Gliede ay, als wenn der Regulator weniger statisch geworden wäre; bei einem ausserordentlich grossen Widerstande verschwindet das Glied ay gegen das Glied bF und man erhält die Gleichung (15a) genau wie für einen astatischen Regulator.

Die schwingungsdämpfenden Eigenschaften der hier betrachteten Widerstandsformen nehmen also ab, wenn die letzteren wachsen, während gleichzeitig die Grösse F, welche ein Mass für die augenblickliche Geschwindigkeitsabweichung der Maschine von der normalen bildet, zunimmt. Bei grossen Regulirungswiderständen werden daher, selbst wenn der Regulator etwas tanzt, Störungen des Beharrungszustandes Schwingungen hervorrufen, welche nicht nur grösser sind als bei kleinen Widerständen, sondern auch langsamer abnehmen. Wenn daher einigermassen häufig kleinere oder grössere Belastungsänderungen der Maschine entstehen, kann es bei grossen Regulatormassen und verhältnissmässig leichtem Schwungrade leicht vorkommen, dass die Regulirung aus den Schwingungen überhaupt nicht oder nur selten herauskommt.

Die beste Regulirung, welche nicht nur Schwingungen bei konstanter Maschinenbelastung verhindert, sondern auch möglichst kleine Geschwindigkeitsänderungen bei plötzlichen Belastungsänderungen gewährleistet, kann man daher nur erreichen, indem man alle hierfür günstigen Bedingungen berücksichtigt: Möglichst grosse Schwungradmassen, damit der Regulator bis zu einer gegebenen grösst zulässigen Aenderung der Maschinengeschwindigkeit möglichst viel Zeit zur Ausführung seiner Bewegung hat; möglichst kleine Massen des Regulators im Verhältniss zu seiner Energie, damit man möglichst wenig Dämpfung anzuwenden braucht; möglichst kleinen Weg der Regulatorhülse und der zu verstellenden Stellzeugmassen bei gegebener Regulatorenergie, weil dieser Weg im Quadrat für die auf einen beliebigen Normalweg reducirten Massen in Frage kommt; möglichst kleine Reibungswiderstände, weil diese, wie schon gezeigt, selbst nach ihrer Modifikation durch Regulatortanzen immer noch direkt proportional ihrer Grösse die Regulatorbewegungen verzögern; womöglich kein periodisches Festhalten des Regulators, also z. B. die Einwirkung des letzteren auf den leicht beweglichen Schieber eines Krafteinschalters.

Im Anschluss hieran mag noch zur Klärung der Regulirungsfragen die fest eingewurzelte und allgemein verbreitete Anschauung berührt werden, dass das öfters erwähnte sogenannte Ueberreguliren, welches sich in fortwährenden Schwingungen bei konstanter Maschinenleistung zeigt, von einem „zu empfindlichen“ Regulator käme. Es ist zwar wie oben erörtert, wohl möglich, dass eine grosse Empfindlichkeit des Regulators fortwährende Schwingungen hervorrufen kann; aber bei den bis jetzt gebräuchlichen Unempfindlichkeitsgraden von Regulator mit Stellzeug ist sehr oft (bei schweren Schwungrädern fast immer) das Gegentheil der Fall, und der Verfasser hat Gelegenheit gehabt, Regulirungen, bei denen die auftretenden fortwährenden Schwingungen nach dem Urtheile erfahrener Fachleute von zu grosser Empfindlichkeit der Regulatoren herrühren sollten, durch Erhöhung der Empfindlichkeit zum tadellosen Funktioniren zu bringen. Das Vorurtheil gegen empfindliche Regulatoren hat die Beseitigung der Ursachen von Regulirungsfehlern oft erschwert; so sind z. B. Feder-Regulatoren, welche bei starkem Rückdruck oder einem leichten Schwungrade sich bewährt haben, für rückdruckfreie Steuerungen bei schweren Schwungrädern verwendet worden, ohne dass die Ursache der dann entstehenden Schwingungen, nämlich die zu grosse Unempfindlichkeit, erkannt worden wäre.

GPSR Compliance

The European Union's (EU) General Product Safety Regulation (GPSR) is a set of rules that requires consumer products to be safe and our obligations to ensure this.

If you have any concerns about our products, you can contact us on ProductSafety@springernature.com

In case Publisher is established outside the EU, the EU authorized representative is:

Springer Nature Customer Service Center GmbH
Europaplatz 3
69115 Heidelberg, Germany

Batch number: 10704701

Printed by Printforce, the Netherlands